図解 プレミアム

眠れなくなるほど面白い

化学の話

東京農工大学教授

監修・著

著

日本文芸社

はじめに

遥か昔、人は火を使うことを知りました。火を使えば腐敗菌に冒されない安全な食事が手に入りました。暗闇を照らし、暖を取り、猛獣を寄せ付けないことも学びました。人の「化学」との出合いです。

時が何十万年も過ぎゆき、古代ギリシャに哲学者アリストテレスが登場し、多くの分野で功績を残して「万学の祖」といわれます。医師ヒポクラテスは臨床と観察を重視し、経験科学に基づく医学の基礎を確立して「医学の祖」といわれました。化学の歴史は、アリストテレスが唱えた四元素（火・水・空気・土）と四性質（温・冷・乾・湿）との関連にはじまり、中世の錬金術へとつながっていきます。錬金術師の飽くなき探究心は、安価な金属（銅、鉄、鉛）から貴金属（金、銀）をつくり出すために、いろいろな試薬の合成や器具を創作していきました。

1つの発見や発明は、次の発見や発明のための土台となります。空気の中に異なる気体のあることを知り、顕微鏡や望遠鏡が発明され、微生物や惑星運動の発見から「病理学」や「天体物理学」へと進化します。

人の「?」への興味は尽きることを知りません。18世紀にラボアジェによる「近代化学」への幕開けがあり、19世紀にはドルトンが「近代原子論」を、メンデレーエフが「周期表」を考案しました。X線の発見、ブラウン管や白熱電球の発明、電子の発見、石油の精製、抗生物質の発見、中性子やウランの核分裂の発見、半導体の発明、DNA二重螺旋構造の発見、ICの発明、そしていま化石燃料から再生エネルギーへの転換など、地球環境への負荷が少ないSDGs（持続可能な開発目標）へ向けて急速に方向を転換しています。化学は本来、人の幸せを願って進化していきます。時には横道に逸れることもありますが、元の軌道に乗せるのも人の叡智です。

さて、私の化学との出合いは、高校で最初に勉強した元素の名前との周期表からでした。「とりあえず、覚えておきなさい」ということからはじまりました。

大学ではじめて受けた講義の化学は有機化学で、合成反応でした。ですが、実生活にとって必要のない、ピンとこない分野だという感じがしました。ところが、いまや大学で「化学」を教える身となっています。これも1つの「化学変化」でしょう。

今回、本書の執筆のお誘いを受けて考えたのが、「化学がどう進歩してきたのかを知ること」と、「生活の中で知らないうちに見ている現象を説明できたらいいな」といった思いでした。

世の中には「知っているけど、知らない」ことがたくさんあります。知っているのに知らないことにフト興味を持ったときに、本書が少しでもその知らないことに応えるものであれば幸いです。

2023年7月

野村義宏

眠れなくなるほど面白い
図解プレミアム **化学の話**

もくじ

PART1
人、化学と出合う

PART2

人、化学を使う

PART3

人、化学で食する

PART4
人、化学で電気を使う

PART5

人、毒と薬を化学で知る

医薬神、大己貴命がナビする医薬と化学の進化の話

参考文献

『絶滅の人類史』更科功・NHK出版新書/『大人のための高校化学 復習帳』竹田淳一郎・講談社/『マンガでわかる 有機化学』斎藤勝裕・SBクリエイティブ /『元素周期表で世界はすべて読み解ける』吉田たかよし・光文社新書/『体の中の異物「毒」の科学』小城勝相・講談社ブルーバックス/『超絵解き本 化学』ニュートン編集部/『一度読んだら絶対に忘れない化学の教科書』左巻健男・SBクリエイティブ/『面白いほどよくわかる 毒と薬』山崎幹夫編・日本文芸社/『面白いほどよくわかる　化学』大宮信光・日本文芸社/『眠れなくなるほど面白い 図解 化学の話』大宮信光・日本文芸社/『眠れなくなるほど面白い 図解 科学の大理論』大宮信光・日本文芸社/『眠れなくなるほど面白い 図解 相対性理論』大宮信光・日本文芸社/『眠れなくなるほど面白い 図解 微生物の話』山形洋平・日本文芸社/『眠れなくなるほど面白い 図解PREMIUM すごい物理の話』望月修・日本文芸社/『身のまわりのすごい技術大百科』涌井良幸＆涌井貞美・KADOKAWA/その他、各種インターネット資料
※本書内の写真や図に出典明記のないものは public domainです。

PART1

人、化学と出合う

01 人が化学と出合ったのは山火事からだった

現在、最古の人類はアフリカで約700万年前に出現した猿人**「サヘラントロプス・チャデンシス」**と考えられています。2001年にアフリカのチャドでチャデンシスの化石が見つかったからです。約600万年前には**「オロリン・ツゲネンシス」**、約400万年前から**「アウストラロピテクス属」**が登場し、以後、新たな人類が現れては絶滅し、また新たな人類が登場するという繰り返しが続きます。**発見されているだけで化石人類は25種**だといいます。

では、どんな人類が「火」を使ったのでしょうか。おそらく**180万年前から5万年前に生きていた原人「ホモ・エレクトゥス」（学名）ではないか、と推測**されています。ホモとはヒトのことで、エレクトゥスとは直立すること。つまり、「直立するヒト」を表します。

このホモ・エレクトゥスの棲（す）む南アフリカの洞窟「スワルトクランス」から、150～100万年前に焼けた獣の骨が見つかりました。しかも骨が集中していた。だから、エレクトゥスは火を管理し、獣肉を焼いていたのだろうと思われたのです。エレクトゥスが自ら火を起こしたとは考えにくいので、**火山噴火や落雷などによる山火事（図1）の火を利用した**のでしょう。

ですが、火の利用は画期的なことで、夜の明かりや暖かさ、猛獣から身を守る術（すべ）にもなりました。エレクトゥスかどうかはわかりませんが、やがて木と木を擦（こす）り合わせたり、石と石を打ち叩いたりして火をつくり出します。**火を自在に使えるようになると、動物の肉や魚を焼く調理が発達し、タンパク質の摂取が容易になります。そうして脳が大きくなっていった**のです。

図1　森林を焼き尽くす山火事

火の利用は、期せずして化学の扉のノックとなった。

縄文時代草創期の深鉢形土器
（現・横浜市花見山遺跡から出土）。

図2　粘土を成型し、焼成した縄文土器

火が燃える、**「燃焼」**ですね。これは**燃えやすい物質と酸素が反応して熱と光を出す現象で、「化学反応」のこと。火の利用とは、化学反応の利用ということ**です。人類はやがて火で焼けば粘土が硬くなることを知り、土器**（図2）**などをつくるようになります。土器は煮炊きや貯蔵を可能にし、火の用途は拡大します。つまり、人類は偶然が教えてくれた「化学反応」をとば口として、文明の発展につなげていったのでしょう。

※1856年、ドイツのネアンデル谷（タール）で化石が発見されたネアンデルタール人（推定30〜4万年前）は学名ホモ・ネアンデルターレンシス。ホモ属としては、ほかにハビリス（推定240〜135万年前）、ハイデルベルゲンシス（推定75〜20万年前）、フロレシエンシス（推定10〜5万年前）ほかが発見されている。

わぬはアラハバキ、謎の女神よ。PART1は、わぬがしゃべることにしたわ。
およそ30万年前に登場した、わぬら現生人類「ホモ・サピエンス」（学名）は、エレクトゥスやネアンデルタール人などと同じ「ホモ属（ヒト属）」ぞ。サピエンスとは「賢い」という意味ぞよ。その賢さで、わぬらは石器⇨青銅器⇨鉄器と文明を進化させた。火を自在に扱えるようになったからの。世界のどの民族にも「火の神」がおられるのは、その力を熟知しているからじゃぞ。

02

古代ギリシャで哲学者が化学を考えた

「philosophy」は日本で「哲学」と訳されています。訳したのは明治時代の西周（にしあまね）（1829〜1897年）です。哲学、といわれると何かとっつきにくい感じがするかもしれません。語源は**「知恵（ソフィー）を愛する（フィロ）」**との意味ですが、文芸評論家の江藤淳（1932〜1999年）は、「考える喜び」としました。このように砕（くだ）けて訳されると、身近に感じます。

そんな身近な、考えることを楽しむ人々が古代ギリシャに現れました。まず、記録に残る最古の自然哲学者**タレス**（紀元前624?〜546年?）が口火を切ります。彼は**「万物の根源は水」**と考え、また**「半円に内接する角は直角」（タレスの定理）**と最初に定義もした。彼は数学者でもあったわけです。

タレスの「万物は水」は、万物の元は何かについて哲学者たちの議論を活発にしました。たとえば、**アナクシメネス**（紀元前585〜525年）は**「万物は空気&プネウマ（気息）」**だと唱え、**ヘラクレイトス**（紀元前540?〜480年?）は**「万物は流転している」**と主張し、**エンペドクレス**（紀元前490?〜430年?）は**「万物の元は火、水、土、空気」**とした**「四元素説」**の提唱という沸騰ぶりです。

デモクリトス（紀元前460〜370年）も重要です。彼は**「原子論」**を大成します。**「万物は壊れることのない無数の粒からなっていて、それ以上小さな粒にすることはできない」**とし、「壊れないもの」を意味するギリシャ語から**「原子（アトム）」**と名付けました。原子が動き回るには「無限の空間（空虚）」が必要だとも述べています。無限の空間とは「真空」のことです。

タレス

デモクリトス

アリストテレス

タレスは「ミレトスのタレス」とも呼ばれておるのよ。生まれは、現在トルコ領のエーゲ海に面したアナトリア半島イオニア人の都市国家ミレトスぞ。タレスが創始した自然哲学は、アナクシマンドロス、アナクシメネスを含めて「ミレトス学派」と呼ぶ。「万物の根源は水」とは、「すべて存在するものは水から生成し、水へと消滅していく。大地は水の上に浮かぶ。この地球上の世界は水からなっていて、終局には水に戻る」と考えたらしい。わぬにはしっくりする考えじゃぞ。

やがて「万学の祖」と崇められた**アリストテレス**（紀元前384〜322年）が登場します。彼は**学問体系を「自然学」「形而上学」「政治学」「倫理学」「詩学」に分類**し、自然学でのフィールドでは、物理学・天文学・気象学・動物学・植物学と多岐にわたっています。彼は、**人間の本性とはギリシャ語で「フィロソフィア」**だといいました。「知を愛する」との意味です。これが西欧での哲学の語源となったのです。

アリストテレスは、「原子論」を否定し、エンペドクレスの「四元素説」をベースに考えました。**万物の元の材料は姿形のない第一物体であり、それらが合わさったさまざまな物質が第二物質となる。その特性は、温と冷、乾と湿の対立性質の組み合わせであって、そこに火・水・空気・土の四元素が混ざり合って現実世界が現れる**と考えたのです。

難解ですが、ここには物質の反応があって、「化学」への道が用意されているようです。

03 錬金術が期せずして化学への道しるべとなる

「錬金術」、なにか幻惑的なイメージがありますね。鉱物をなんらかの方法で金に変えるというのですから、いまなら誰も信用しないかも。でも、当時の人々は違っていました。なにせそこらにあるような鉱物から冶金によって金属をつくり出すのですから、驚くこと魔術を見るような思いだったに違いありません。

錬金術とは、どんな技術だったのか。簡単にいえば、**化学的手段を駆使して卑金属から貴金属、特に金を精錬しようとする**ものです。

錬金術の発祥は紀元前332年にナイル川の河口に建設され、その後に世界最大の都市となった古代エジプトのアレクサンドリアといわれています。アレクサンダー大王が建設した都市ですね。エジプトにはミイラ製造のための死体防腐処理技術やガラス製造技術、冶金技術などがありました。

やがてエジプトにメソポタミア、ペルシャを含めた古代オリエント文化と古代ギリシャ文化が融合して**「ヘレニズム文化」**となった。この**文化融合が引き金になって錬金術は第1歩を踏み出す**わけです。

錬金術の考え方に**もっとも影響を与えたのは、アリストテレスの「四元素説」、温・冷・乾・湿と火・水・空気・土**ですね。これらが混ざり合って物質ができるのなら、**物質の性質が変われば卑金属（貴金属の反対用語）だって金に変えられる**はずだ、と考えました。ちなみに、錬金術はインドや中国へも伝わりますが、中国では水銀を使った創薬「錬丹術」となります。また、西欧へ伝わったのは12世紀だそうです。

西欧では西ローマ帝国の滅亡後、5世紀ごろからキリスト教が隆盛を極めていきます。神中心の中世がはじまり、俗に「暗黒の中世」と揶揄（やゆ）され、学芸は停滞していった。一方、6世紀、アラブでは預言者ムハンマドによって創唱されたイスラム教が勢力拡大を続け、ことに8世紀に**アッバース朝**（750〜1258年）**が成立すると、ヘレニズムだけではなく、インドや中国の科学が首都バグダードに集合し、学問が発展**していきます。

バグダードでは**錬金術師が硫黄と水銀を頻々に使い**ました。アラブ最高の**錬金術師ハイヤーン**（721〜815年）は、**「金が持つ比率に硫黄と水銀の比率を同調させれば、金が得られる」**と信じた。もちろん、そんなことはありえない。ですが、彼らの錬金実験（**図1**）は物質の新知識を得るものともなりました。学問の幅が広がり、医薬や硫酸・硝酸・塩酸など多くの化学薬品が発見され、期せずして「化学」が大進展していくという副次作用が生まれたのです。

図1　錬金術で使用された実験道具

蒸気によって物質を温める装置バン・マリ。

ジャービル・イブン・ハイヤーン

ハイヤーンは西欧ではゲーベル（ラテン語名）という名で知られている。もっとも有名なイスラムの錬金術師。研究を現イラクのバグダード、もしくはクーファで行う。

ハイヤーンは、西欧でゲーベルというラテン名で知られているぞ。彼の著作のいくつかはラテン語に訳され、「ジャビール文献」として西欧の科学や学問に影響を与えたそうじゃ。文献には硫酸や硝酸などの化学についても記述されていて、数字で運勢を占う術「数秘術」や秘教主義「エソテリシズム」が含まれておる。

04 実験の過程で空気と異なる気体を突きとめる

人は抽象思考によって、いろいろな発見をしてきました。この思考法は目に見える具体の中から本質となる要素を導き出し、真理を極める力を持ちます。錬金術師も抽象思考によって「モノの本質」を突き止めようとしたのです。

たとえば**「蒸留酒」**、これは錬金術師が蒸留機を使って実験を繰り返しているときに、**偶然に生まれた高純度のアルコール溶液が原型**です。のちのスピリッツ（各種蒸留酒）ですね。彼らは**「アクア・ヴィタエ」（生命の水）**と名付け、病気治療の秘薬として飲んだといいます。

さて、そんな思考法によって**「気体」が突き止められ**ていきます。空気は古代ギリシャで唱えられた「四元素説／火・水・土・空気」の1つで、物質を構成する元素とされてきました。空気は無色無味無臭のはずなのに、**果実が発酵すると漂う"空気"や鉱山の採掘場で蝋燭（ろうそく）の炎を消す"空気"**がある。このことに首を傾げた人物がいたのです。ベルギーの化学者**ヤン・ファン・ヘルモント**（1579～1644年）で、彼は自分たちの知る空気と似ていながらも少し違う性質の空気のあること知り、これを**古代ギリシャの神話にある「カオス」（混沌）にちなんで「ガス」と呼ぶ**わけです。ですが、ヘルモントは実験によって空気とガスの違いを証明するまでにはいたらなかった。

のちにこの問題に一石を投じたのは、イギリス人医師**ジョン・メーヨー**（1640～79年）です。メーヨーは暗赤色の血液が空気に触れると真っ赤になることから、**空気には特殊な物質（酸素）が含まれる**と唱えました。次いで血圧の測定器具を発明したイギリス人生理学&化学者**スティーブン・ヘールズ**（1677～1761年）が、この

ヤン・ファン・ヘルモント
フランドルの医師・化学者・錬金術師（1579-1644年）。「ガス」の命名者でその概念を考案。

ジョン・メーヨー
イギリスの医師・化学者・生理学者（1640-1679年）。暗赤色の血液が空気に触れると鮮やかな赤色になる現象を見て、空気中には特殊な物質（酸素）があることを提唱提唱し、約100年後ラヴォアジエやプリーストリーが認める。

スティーヴン・ヘールズ
イギリスの生理学者・化学者・物理学者・発明家。本職は牧師（1677-1761年）。血圧の測定器具の発明者。植物が空気から養分を吸収することを主張した植物生理学の先駆者。気体採取の水上置換法の発明者など。

問題を探求します。ヘールズは空気の量に関心を持ち、自ら発明した気体を採取する装置**「水上置換法」**を使って実験し、**ふつうの空気と物質を燃焼させて出た空気の体積を測定した**のです。

当時、空気は「空気そのものが元素だ」という考えが常識で、異なる気体が生じるのは「空気に含まれる不純物のせい」だと信じられていました。そのためにヘルモントの名付けた「ガス」を認めず、人工の空気だとして「エアー」という言葉が付されたといいます。いつの時代でも、新たな発見や発明が認められるには時間がかかるというわけです。

蒸留酒といえば、まぁ、錬金術師が「アクア・ヴィタエ」を西欧に持ち込み、各地に伝えられた。ウィスキー、ブランデー、ウオッカ……いや、数えきれんわい。アジアにも伝播し、インドでマフア、タイでラオロン、インドネシアでアラック、モンゴルでアルヒ、中国でパイチュウとなった。沖縄にはタイから14～15世紀に伝わって泡盛、その後に我が瑞穂の国の九州で焼酎が産声を上げたのじゃな。

05 次々と発見された空気に含まれる気体とは

18世紀はいろいろな気体が発見された世紀でした。スコットランド人化学者**ジョゼフ・ブラック**（1728〜99年）は、炭酸塩の研究が石灰の性質を調べるきっかけとなり、結果として**石灰の中に含まれていた空気を「固定空気」（二酸化炭素）**だと明らかにします。また彼は、「密閉容器で蝋燭に火を点けると二酸化炭素の中では消えてしまう。だが、容器の中の二酸化炭素を吸収してもまだ不燃性の気体が残っているようだ」と疑問を持ち、自分の研究室の**ダニエル・ラザフォード**（1749〜1819年）に正体を突き止めるよう指示します。

ラザフォードは、蝋燭を燃やしたあとに二酸化炭素を吸収しても不燃性の気体が残る。その中ではハツカネズミが死ぬことを確認し、**残った気体を「有毒空気」、もしくは「フロギストン化空気」としました。これが「窒素」**で、1772年のことです。

「酸素」が発見されたのもこの世紀。イギリス人化学者**ジョゼフ・プリーストリー**（1733〜1804年）は150冊以上の著作を持つ人物で、炭酸水の発明、電気への知見、アンモニア、塩化水素、一酸化窒素、二酸化窒素、二酸化硫黄などの数々を発見しました。ですが、最大の発見はなんといっても1774年の「酸素」（名付けたわけではない）でしょう。

水銀を燃やして水銀灰をつくり、それを燃やして生じた気体にハツカネズミを入れても生き続けた。こうした実験などで**空気中から酸素の単離に成功し、「脱フロギストン空気」と名付けました。**フロギストンとか脱フロギストンとか、いまではなんのことかわかりませんが、当時は、燃焼にかかわるこの架空の元素が信じられていたのです。

水素の発見者は、イギリスの化学者**ヘンリー・キャヴェンディッシュ**（1731～1810年）です。1766年、彼が金属と希硫酸を反応させて、発生した気体を調べると、水やアルカリには溶けずに空気中で燃焼し、その**気体に空気を混ぜて火を点けると爆発して水ができた。そこで気体の密度を測定すると、非常に軽い**ことが明らかになります。この軽い気体は**「可燃性空気」**と呼ばれますが、のちの1783年、ギリシャ語で「水を生む」との言葉にちなんで**「水素」**と名付けられたのです。

ジョゼフ・ブラック
スコットランドの化学者で潜熱や熱容量概念の確立、二酸化炭素の発見者（1728-99年）。

ダニエル・ラザフォード
スコットランドの化学者・植物学者（1749-1819年）。窒素の発見者。

ジョゼフ・プリーストリー
イギリスの自然哲学者・化学者・神学者・プロテスタントの聖職者（1733-1804年）。酸素、アンモニア、塩化水素、一酸化窒素、二酸化窒素、二酸化硫黄炭の発見、炭酸水の発明者。

ヘンリー・キャヴェンディッシュ
イギリスの自然哲学者・化学者・物理学者（1731-1810年）。水素の発見者だが、「気体の蒸気圧」「クーロンの法則」「オームの法則」など未公開の実験記録が多くあり、のちにその実績を評価される。

フロギストンは燃焼に関係する架空の元素じゃ。1669年にドイツのヨハン・ベッヒャー（1635-1682年）が「燃える土」と呼んだ。その後の1703年、ドイツのゲオルク・シュタール（1659-1734年）が「フロギストン」と名付けた。語源は「可燃物」を意味するギリシャ語が由来ぞ。
「すべての可燃物はフロギストンと残りの脱フロギストン物質の化合によって生じる。燃焼はフロギストンが遊離すること。燃焼の結果、脱フロギストン物質、すなわち灰が残る」ということじゃの。

資料：森北出版『化学事典』（第2版）

06

元素は**化学的に命名**され、近代化学の時代へ

燃焼の化学にも新しい発見が生まれ、化学が近代化していきました。燃えることの不思議は徐々に解明されていったのです。

スウェーデンに**カール・ヴィルヘルム・シェーレ**（1742〜1786年）という化学者がいました。実は、シェーレは**プリーストリーより早く酸素を発見した人物**です。物質（軟マンガン鉱・濃硫酸）を溶かして加熱し、発生した気体を蝋燭の炎に吹き付けると燃え上がった。そこで、この気体を**「火の空気」**と名付けたわけですが、これが「酸素」。ほかにも酸化水銀や硝石でも類似の実験を繰り返し、同じ結果が得られます。1773年のことです。また、空気の主成分は約5分の1の体積を持つ「火の空気」であり、もう1つがラザフォードの発見した「有毒空気」（窒素）だと考えました。

ですが、シェーレもプリーストリーと同じで、酸素の発見はしても、酸素と命名したわけではありません。**シェーレも「熱は〝火の空気〟と〝フロギストン〟から生じる」と考えていた**のです。

ですが、ここにフロギストン説にNOを突きつける人物が現れます。フランスの化学者**アントワーヌ・ラボアジェ**（1743〜94年）です。1774年のある日、プリーストリーから「脱フロギストン空気」の話聞いたラボアジェは閃いた。彼はプリーストリーが水銀を燃やして水銀灰を生成したときに出る気体（脱フロギストン空気）の体積を測定します。そうして、**「空気には燃焼に使われる気体と使われない気体がある。燃焼では燃える物質と燃やす気体が結びついて新しい物質をつくる」**ことを確認。炭素や硫黄、リンなどを燃やすと酸性物質になることから、**ギリシャ語の**

カール・ヴィルヘルム・シェーレ

スウェーデンの化学者・薬学者（1742-1786年）。酸素の発見のほか、金属を主に研究し、多くの元素や酒石酸、シュウ酸、尿酸、乳酸、クエン酸などの有機酸やフッ化水素、青酸、ヒ酸などの無機酸を発見する。

酸素の発見は、ホントはシューレのほうがプリーストリーより早かった。なのに実験結果の著書『空気と火について』を出したのが1777年、プリーストリーは1775年にイギリス王立協会に酸素の発見論文を提出していたから酸素の発見者は彼になってしまった。といっても、彼らは「フロギストン説」。それを「フロギストンなど存在しない」と切り捨てたのがラボアジェ。彼は、物質と気体が結合すると酸が生じると考えて、1779年にその気体を「オクシジェーヌ」（酸の素）と名付けた。酸素じゃ。だが、酸と酸素は別物。気体は水素イオンだったのよ。

そんなラボアジェに悲劇が襲った。生活のために就いていた税金徴収請負人の仕事を糾弾され、フランス革命のさなかの1794年5月、ギロチン台の露と消えたのじゃ。まだ50歳だったのにのう。

アントワーヌ・ラボアジェ

フランス王政末期の化学者（1743-1794年）で「近代化学の父」。「質量保存の法則」の発見、「フロギストン説」の打破。1789年の著書『化学原論』で33の元素を提唱するが、そのうち「マグネシウム」と「石灰」を除き、ほかは元素であることが証明されている。肖像画はジャック=ルイ・ダヴィッド（1748-1825年）による。

「酸をつくる物質」の意味にちなんで「酸素」と名付けます。「水素」「窒素」の命名者もラボアジェです。彼は、のちに「熱や炎が発生するのはフロギストンが遊離するため」という説を一蹴し、「フロギストン」なるものは存在しないと発表します。

ラボアジェは、**定量実験を駆使し、元素をそれ以上分解できない基本成分と考えて、33の元素を導き出します。**また、**新発見の元素は化学的性質を基に定義・命名**し、化合物の名称も構成する元素から考え出していきます。こうしてラボアジェは、**化学を近代化学へ押し上げていった。**まさに**「化学革命の父」「近代化学の父」**と称されるに値した化学者がラボアジェでした。

07 化学革命は原子論を引き寄せ、元素が**周期表**になる

ラボアジェの「化学革命」は化学進展のエンジンでした。中でもイギリスの化学者**ジョン・ドルトン**（1766〜1844年）、ロシアの化学者**ドミトリ・メンデレーエフ**（1834〜1907年）は特記すべきですね。

ドルトンは**「近代原子論」の生みの親**です。「各元素は原子の大きさや重さが違うのでは」との疑問から、「いちばん軽い水素原子の重量を1とした場合、酸素などはどれほどの重量を持つのか」など原子量を求めていきます。結果として、ドルトンの求めた各元素の原子量は不正確でしたが、**のちの原子量探求の土台となった**のです。

メンデレーエフは1869年、化学の道しるべ「周期表」を考案しました。当時、発見されていた元素は63個。彼はカードゲームの手法を手本に、似た性質の元素グループをつくり、原子量の

	11族	12族	13族	14族	15族	16族	17族	18族
								2 He 4 ヘリウム
			5 B 11 ホウ素	6 C 12 炭素	7 N 14 窒素	8 O 16 酸素	9 F 19 フッ素	10 Ne 20 ネオン
			13 Al 27 アルミニウム	14 Si 28 ケイ素	15 P 31 リン	16 S 32 硫黄	17 Cl 35 塩素	18 Ar 40 アルゴン
	29 Cu 64 銅	30 Zn 65 亜鉛	31 Ga 70 ガリウム	32 Ge 73 ゲルマニウム	33 As 75 ヒ素	34 Se 79 セレン	35 Br 80 臭素	36 Kr 84 クリプトン
ム	47 Ag 108 銀	48 Cd 112 カドミウム	49 In 115 インジウム	50 Sn 119 スズ	51 Sb 122 アンチモン	52 Te 128 テルル	53 I 127 ヨウ素	54 Xe 131 キセノン
	79 Au 197 金	80 Hg 201 水銀	81 Tl 204 タリウム	82 Pb 207 鉛	83 Bi 209 ビスマス	84 Po (210) ポロニウム	85 At (210) アスタチン	86 Rn (222) ラドン
ウム	111 Rg 280 レントゲニウム	112 Cn 285 コペルニシウム	113 Nh 278 ニホニウム	114 Fl 289 フレロビウム	115 Mc 289 モスコビウム	116 Lv 293 リバモリウム	117 Ts 293 テネシン	118 Og 294 オガネソン
ム	65 Tb 159 テルビウム	66 Dy 163 ジスプロシウム	67 Ho 165 ホルミウム	68 Er 167 エルビウム	69 Tm 169 ツリウム	70 Yb 173 イッテルビウム	71 Lu 175 ルテチウム	
ム	97 Bk 247 バークリウム	98 Cf 252 カリホルニウム	99 Es 252 アインスタイニウム	100 Fm 257 フェルミウム	101 Md 258 メンデレビウム	102 No 259 ノーベリウム	103 Lr 262 ローレンシウム	

順に元素を並べていきました。以後、**新しい元素が見つかるたびに周期表は改良を重ね、現在では118個（図1）**となっています。

ジョン・ドルトン
イギリスの化学者・物理学者・気象学者（1766-1844年）。ニュートンの「原子論」とラボアジェの「元素論」から、「近代原子論」の基礎を導く。

ドミトリ・メンデレーエフ
ロシアの化学者（1834-1907年）。当時知られていた元素63個の解説の順番を考える際、カードゲームの手法を思いつき、1869年3月「周期律」を発見。「周期表」の誕生となった。

図1　現在の周期表

	1族	2族	3族	4族	5族	6族	7族	8族	9族	10族	
1周期	1 H 1 水素										
2周期	3 Li 7 リチウム	4 Be 9 ベリリウム									
3周期	11 Na 23 ナトリウム	12 Mg 24 マグネシウム									
4周期	19 K 39 カリウム	20 Ca 40 カルシウム	21 Sc 45 スカンジウム	22 Ti 48 チタン	23 V 51 バナジウム	24 Cr 52 クロム	25 Mn 55 マンガン	26 Fe 56 鉄	27 Co 59 コバルト	28 Ni 59 ニッケル	29
5周期	37 Rb 85 ルビジウム	38 Sr 88 ストロンチウム	39 Y 89 イットリウム	40 Zr 91 ジルコニウム	41 Nb 93 ニオブ	42 Mo 96 モリブデン	43 Tc (99) テクネチウム	44 Ru 101 ルテニウム	45 Rh 103 ロジウム	46 Pd 106 パラジウム	47
6周期	55 Cs 133 セシウム	56 Ba 137 バリウム	※1	72 Hf 178 ハフニウム	73 Ta 181 タンタル	74 W 184 タングステン	75 Re 186 レニウム	76 Os 190 オスミウム	77 Ir 192 イリジウム	78 Pt 195 プラチナ	79
7周期	87 Fr 223 フランシウム	88 Ra 226 ラジウム	※2	104 Rf 267 ラザホージウム	105 Db 268 ドブニウム	106 Sg 271 シーボーギウム	107 Bh 272 ボーリウム	108 Hs 277 ハッシウム	109 Mt 276 マイトネリウム	110 Ds 281 ダームスタチウム	11 レン

※1 ランタノイド系	57 La 139 ランタン	58 Ce 140 セリウム	59 Pr 141 プラセオジム	60 Nd 144 ネオジム	61 Pm 145 プロメチウム	62 Sm 150 サマリウム	63 Eu 152 ユウロピウム	64 Gd 157 ガドリニウム	65 テ
※2 アクチノイド系	89 Ac 227 アクチニウム	90 Th 232 トリウム	91 Pa 231 プロトアクチニウム	92 U 238 ウラン	93 Np 237 ネプツニウム	94 Pu 239 プルトニウム	95 Am 243 アメリシウム	96 Cm 247 キュリウム	97 バ

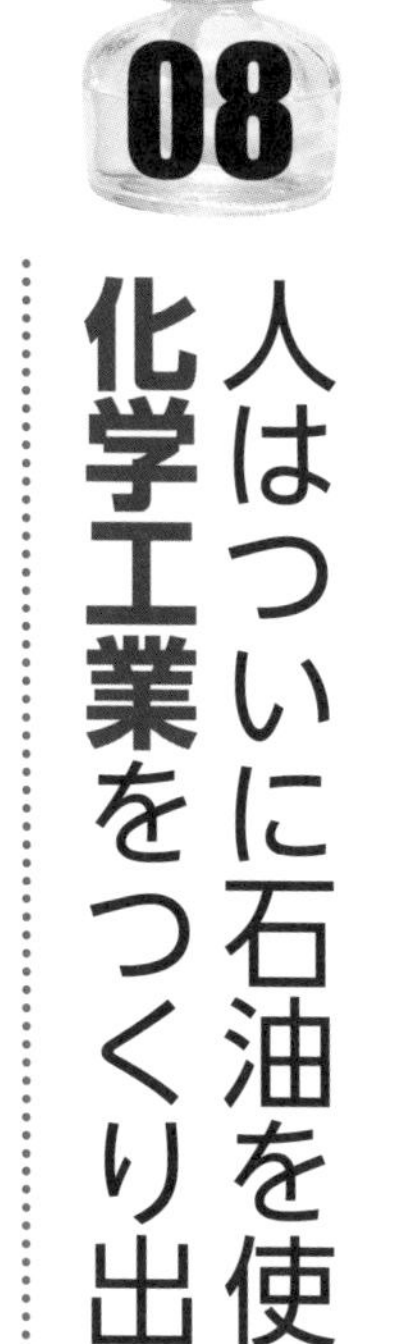

人はついに石油を使って化学工業をつくり出した

化学の近代化は化石資源の利用にも大きな役割を果たしていきます。ことに石油（**図1**）は、人々の生活に多大な影響を与えるようになった物質でした。**石油とは、炭化水素を主成分とするほか、硫黄や窒素、酸素など種々の物質を含有した液体のこと**です。

古代のメソポタミアやエジプトで接着剤や防水などに利用されていた生の石油利用から、石油を原料にした化学工業として大躍進するのは20世紀に入ってからです。端緒は、アメリカの**スタンダード・オイル社がプロピレンからイソプロパノールの合成に成功した1920年**といいます。これ以後、石油を原料に多くの化学製品が製造されるようになります。

精製前の石油を原油といいますが、この原油を精製すると、ガソリン、ナフサ、灯油、軽油、重油などが分離できます。ことに**ナフサは粗製ガソリンや直留ガソリンとも呼ばれる化学物質で、いろいろな化学製品の原料となる**ものです。ナフサからは**「石油化学基礎製品」（エチレン・プロピレン・ブタジエン・ベンゼン・トルエン・キシレン）**がつくられ、この基礎製品からは**プラスチック、合成繊維、合成ゴム、合成洗剤、塗料などの原料となる「石油化学誘導品」**が生産されるのです。

また、中東産油国での天然ガスや原油採取時の随伴ガスに含まれる**エタンも種々の化学物質の原料となる化学物質**で、ことにエチレンの原料となります。**エチレンも石油化学基礎製品で、ポリエステルやナイロン、アクリルなどの化学繊維、エタノールやポリ塩化ビニルなどの有機化学製品の原料**となる物質です。ほかにも石油は、発酵によ

- **プロピレン：化学式C_3H_6**
- **イソプロパノール：化学式C_3H_8O**
- **エチレン：化学式C_2H_4**
- **ブタジエン：化学式C_4H_6**
- **ベンゼン：化学式C_6H_6**
- **トルエン：化学式$C_6H_5CH_3$**
- **キシレン：化学式C_8H_{10}**
- **エタノール：化学式C_2H_6O**
- **塩化ビニル：化学式C_2H_3Cl**

※C：炭素　H：水素　O：酸素　Cl：塩素

本文＆図参考：ENEOS石油便覧　https://www.eneos.co.jp/binran/index.html
石油化学工業協会　https://www.jpca.or.jp/studies/junior/howto.html

る化合物、医薬品などの原料として製造されています。

石油化学工業は効率的な工業生産を志向し、石油精製や化学合成のための工業地帯として石油コンビナートを形成しました（図2）。そうして化学工場がつくり出す石油を原料とする化学製品は、現代の生活に大きく影響するようになったのです。

図1 石油ができるまで

①海・湖などに棲息していた植物性プランクトンや藻類、それらを餌にしていた生物などの死骸が砂泥に埋没、②生物の死骸が海底に堆積し、有機物が重層してケロジェン（泥岩）に変化、③地震などで海底が隆起。ケロジェンは長い年月の中でバクテリアや地熱の作用により、水・ガス・油に変化、④これらの物質は地下の圧力で上昇し、岩石の下に貯留して分離・蓄積。

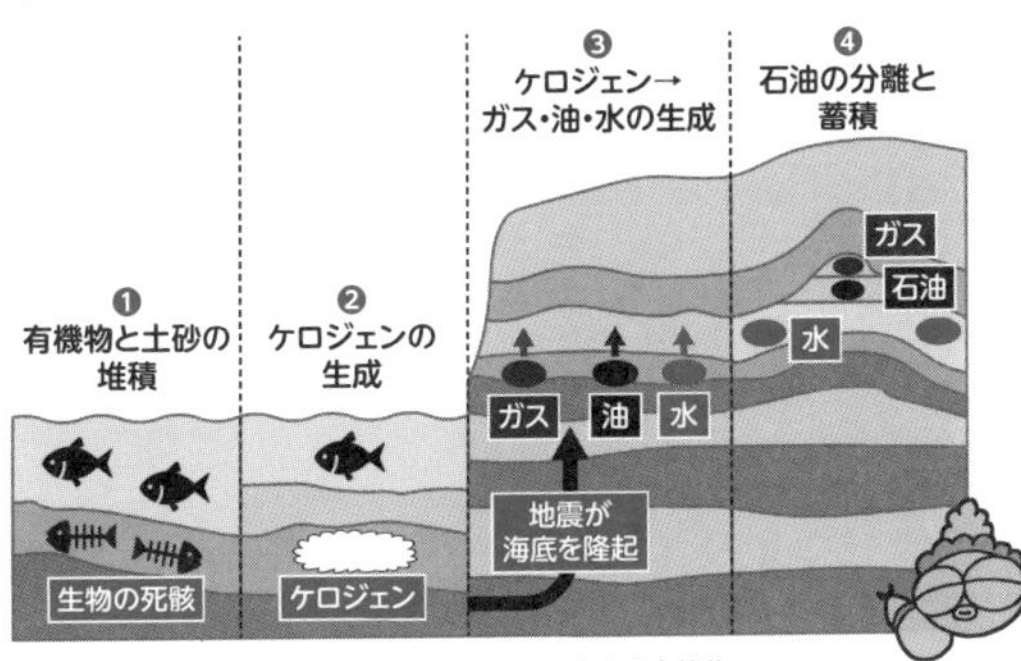

※ケロジェン：有機溶媒やアルカリ溶液に溶けない高分子有機物。
資料：EE Times Japan https://eetimes.itmedia.co.jp/ee/articles/1502/09/news014_2.html

図2 石油コンビナートが生産する化学製品と関連業界

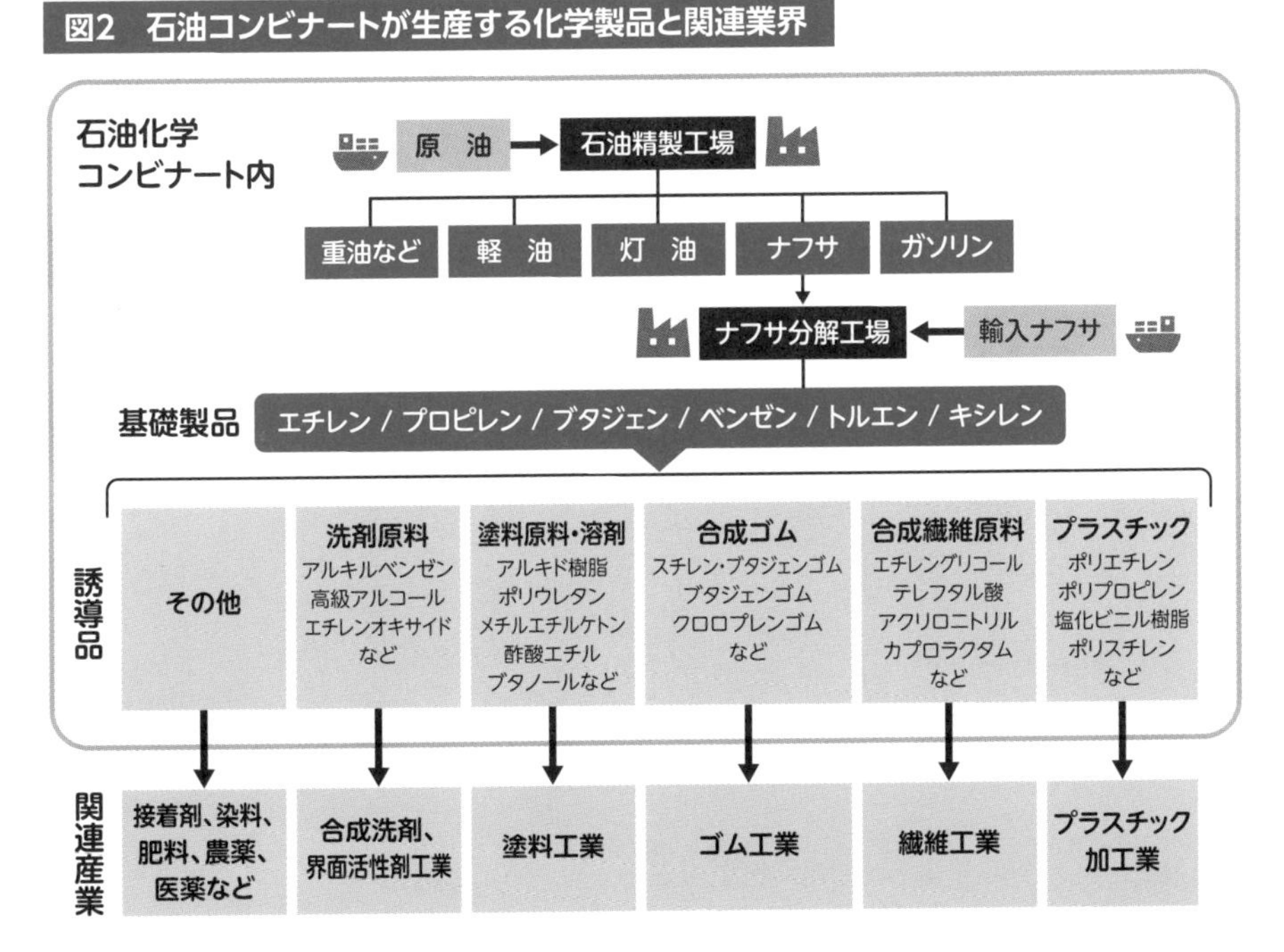

09 半導体や電池にシリコンを利用し化学が進展する

化学の進化はとどまることを知りません。化学は化学工業のほかに電気化学、物理化学、分析化学と守備範囲を広げていきます。この項では、半導体と電池に使われるシリコン（図1）について見てみましょう。

半導体は、一般にシリコン（ほかにゲルマニウムなど）が材料として使われ、集積回路（IC）（図2）を使っている電子機器すべてに装置されています。**シリコンは非金属元素の1つで、天然には単体で存在しない物質**です。紛らわしいのは、**「シリコン」と「シリコーン」があること**。**シリコンはケイ素**ですが、**シリコーンはケイ素樹脂**のことで、ケイ素を含む有機化合物。**半導体に使われるのはシリコン**のほうです。

シリコンは地球上では酸素に次いで多い元素ですが、酸素やアルミニウム、マグネシウムと結合しているため、精錬して抽出しなければなりません。中でも**集積回路（IC）などの半導体に利用するときは、99.999999999%（イレブン・ナイン）の超高純度の単結晶が求められます**。困ったことは精錬に膨大な電力が必要なこと。そのため日本では、電力費が比較的割安な国々で精錬された純度98%以上の金属シリコン（インゴット）を輸入しているそうです。

シリコンはまた、充電可能なリチウムイオン二次電池に組み合わせて性能アップする研究が進んでいます。1990年代に発売されたリチウムイオン電池の構造は、リチウム金属酸化物のプラス極、グラファイトなどの炭素材のマイナス極、セパレータ（隔膜）、電解液によりますが、セパレータの破損などで可燃性の電解液が爆発を引き起こす危険性がありました。電気自動車やスマート

●ゲルマニウム：化学式GeH_4　●マグネシウム：元素Mg　●酸素：化学式O_2
●ケイ素（シリコン）：元素Si　●アルミニウム：元素Al　●リチウム（イオン）：元素Li
●炭素（グラファイト炭素物質）：元素C
※Ge：ゲルマニウム　H：水素　O：酸素

本文&図参考：HITACHI https://www.hitachi-hightech.com/jp/ja/knowledge/semiconductor/room/about/ic.html
WIRED https://wired.jp/2020/04/22/welcome-to-the-era-of-supercharged-lithium-silicon-batteries/

フォンの発熱事故は、これが原因だったといいます。ですが、**シリコンのナノ粒子をいまの炭素素材の代わりにマイナス極に使えば、ナノ粒子は固体の電解質であり、そうした危険性が減少します。**そのうえ**大容量化や蓄電池の寿命が20%伸びる**といいます。

まだまだ解決のむずかしい問題があるようですが、仮にそれらが解決したなら、電気自動車の走行距離やスマートフォンの長時間使用など、多くの電池を利用する電子機器の性能アップが現実味を帯びてくるかもしれません。

図1　シリコン(ケイ素)を含むチャート(岩石)

チャートの写真は堆積岩の一種で非常に硬い。主成分は二酸化ケイ素（石英）だが、動物の殻や骨片が海底に堆積して生成される。地球では酸素の次に多い元素で、多くは土壌や岩石に含まれる。また、天然水や樹木などの植物にも含有するありふれた元素という。

シリコン単結晶

ウエーハ
直径8インチ(20㎝サイズ)

ICチップ
(直径数㎜～15㎜角)

A　A'

パッケージ(入れ物)

チップの断面構造(A-A'断面)

シリコン酸化膜
90nm(ナノメートル)
アルミニウム
1μm(マイクロメートル)
拡散層
300μm
シリコン基板(サブストレート)

図2　集積回路(IC)の構造

集積回路（IC）は1つのシリコン半導体基板の上に、トランジスタ、抵抗(電気抵抗)、コンデンサ、ダイオードなどの機能を持つ多くの素子を連結し、複雑な処理や大量のデータを記憶する電子部品。1㎝内外の四角い小片のためICチップと呼ばれる。

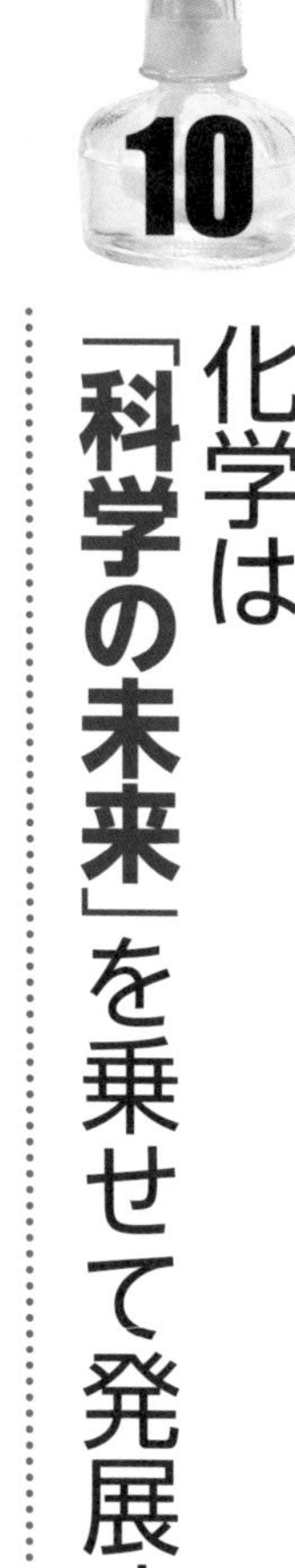

10 化学は「科学の未来」を乗せて発展する

21世紀、化学はますます新たな発見と発明に拍車を掛けていきます。2012年、日本化学会は**「30年後の化学夢ロードマップ」**を掲げました。マップは全体俯瞰図**（図1）**のほか、分野別に次の5つのマップを作成しています。**「有機化学分野」「無機化学分野」「生物化学分野」「物理化学分野」「ナノテク分野」**です。

それから10年余、「夢」の研究は、方向性を「長期持続可能な地球環境の創成」「持続的・安定的エネルギー供給」「知的好奇心に支えられた新分野開拓」「安全安心・健康長寿の実現」「豊かな社会を支える新材料」と示しているように、持続的で安定的、地球環境を壊さず、資源の浪費を省いてエネルギー供給を目指すサスティナブルな社会実現のために歩んでいるのでしょう。実際、電子材料のナノスケール化や低分子化合物から中分子化合物の合成、遺伝情報に基づく天然物の合成など、有機化学分野での合成法も環境配慮の視点を入れて進められています。

また、**日本チームが発見した113番目の新元素「ニホニウム」**（22ページ「周期表」参照）**は、2015年12月に国際純正応用化学連合（IUPAC）が認定した特筆すべき成果**です。リーダーの理化学研究所超重元素研究グループ森田浩介グループディレクター（九州大学大学院理学研究院教授）は、**「この元素は原子番号30番の亜鉛を加速器でビーム加速させ、標的の原子番号83のビスマスに衝突させて合成した。9年間で約4回衝突させた結果、合成の成功が3回となり、新元素として認定された」**と九州大学の取材で述べています。衝突とは1兆分の1㎝の原子核に別の原子核を衝突させるもの。大型の線形加速器を使い、亜

本文&図参考：日本化学会 化学の夢　https://www.chemistry.or.jp/activity/report/30.html
Science Portalニホニウム　https://scienceportal.jst.go.jp/gateway/sciencewindow/20200611_w01/
九州大学　https://www.kyushu-u.ac.jp/ja/university/professor/morita.html

鉛の原子核を光速の10％まで加速し、標的の原子核のビスマスに1秒間2兆5000個照射。その結果、亜鉛とビスマスは完全に融合し、元素113が誕生しました。何度も実験を繰り返し、同じ結果が出たことで「ニホニウム」（元素記号Nh）が認められたわけです。

新たな発見・発明に向け、「夢ロードマップ」は化学だけではなく、「科学の夢ロードマップ」として、なおの発展が望まれるのです。

自然界で存在する元素は原子番号92のウランまでで、93番以降の重元素はすべて人工的に合成された元素じゃ。104番以降は超重元素だの。すでに元素番号118までは明らかになっているから、森田教授は119、120番の発見に向けて実験を続けているという。現実的には130番ぐらいが限界らしいが、理論上は172番まで存在しているというからのう。
なぜ新元素の発見が重要なのかは、たとえばMRIやCTスキャンなども新元素の発見がなければできなかった。基礎研究の過程そのものが科学技術の開発と社会の発展につながるからだ、といっておるぞ。

図1　化学の夢ロードマップ全体俯瞰図

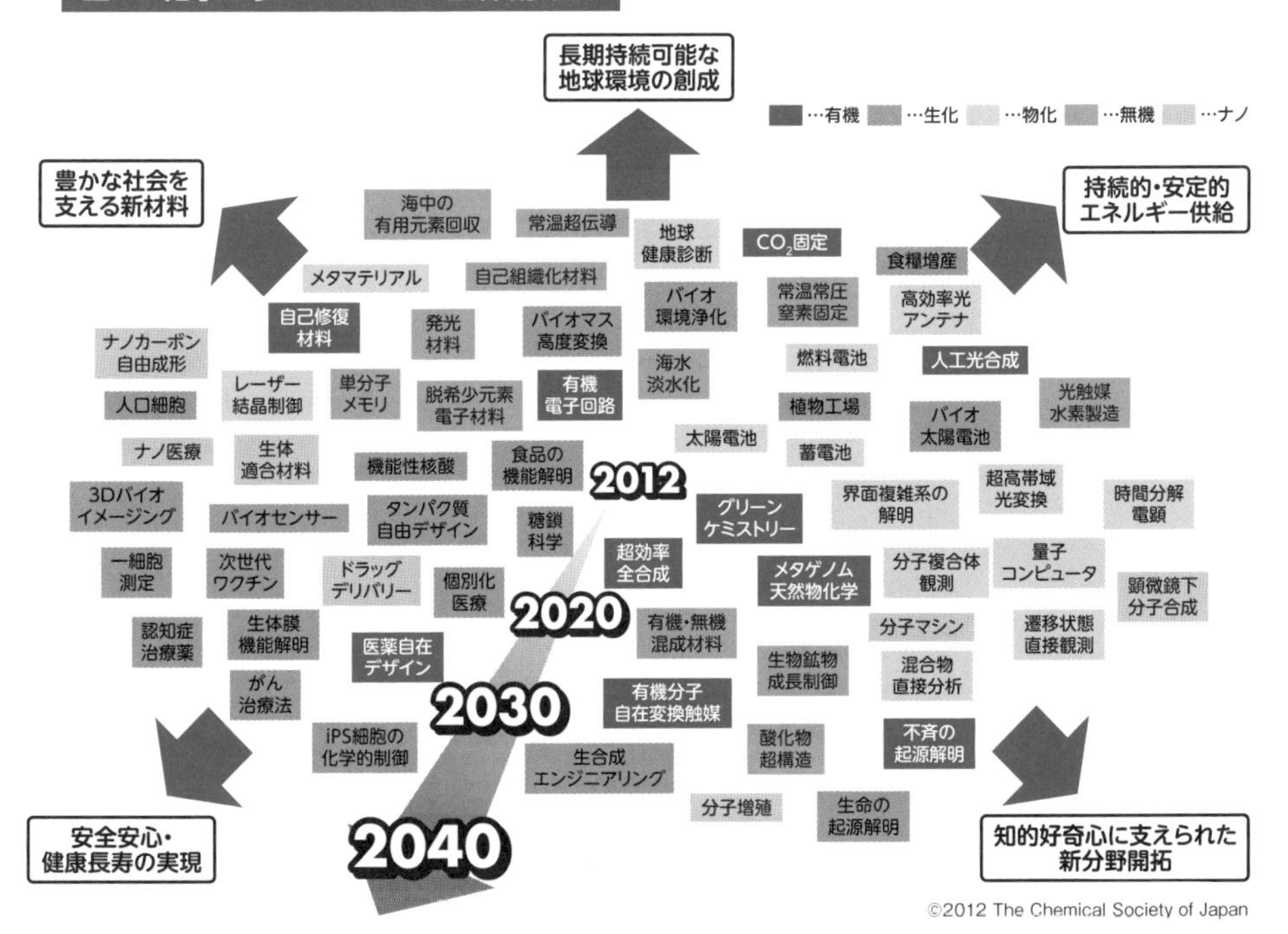

COLUMN❶

水素・燃料電池で月へ移住？

トヨタやホンダが中心に進めている水素・燃料電池戦略の考え方は、CO_2 排出削減を目指したものです。無限の資源である水を分解して生成する水素を燃料とした自動車の開発のためには、地球環境を考慮した再エネ（再生可能エネルギー）を使っての水素製造、貯蔵、供給の整備が最重要課題となります。水素社会実現のためのインフラ整備には、国家プロジェクト規模の資金が必要になるのは論を待ちませんね。

ところで、夢が広がるのは、月への移住計画です。月で生活するうえでもっとも重要なのが水。月面地中に水が存在するのであれば、月への移住が可能になります。水があれば、電気分解することで酸素と水素を生成でき、水素を使った燃料電池がつくれる。燃料電池で使われた水素は、酸素と反応して水ができる。電気分解に太陽光発電を利用すれば、地球上に比べて効率がよくなるは自明のことですね。

アメリカ主導の「アルテミス計画」は、2030年ごろには月面基地を建設する計画を進めています。日本も参加し、鹿島建設と宇宙航空研究開発機構（JAXA）は重機の自動運転で土木作業を行う実験に取り組んでいるそうです。地球から運んだ部品で重機を組み立て、地球からの遠隔で動かすのは困難なので、人工知能（AI）を重機に組み込んで基地を建設する試みなのでしょう。AIなら「居住施設をつくれ」と大雑把な命令でも可能になるのかも。月に水が存在したなら、人類の生活圏が月に拡大する時代が本当に実現するのか、期待したいものです。

PART2

人、化学を使う

01 洗剤はどうして衣服の汚れを落とせるのだろう？

「ドラム式？いや縦型？」。自宅のユーティリティスペースの広さを考慮して、どんな洗濯機を購入するか、ちょっと迷うかもしれません。最近では、洗剤・柔軟剤の自動投入機能が付加されたものまであります。

では、洗濯に必須な洗剤についてはどうか。おそらく洗剤が汚れを落とすことにほとんど疑問を持たれないと思いますが、ちょっと立ち止まって、なぜ洗剤が汚れを落とすのか、化学の目で眺めてみることにしましょう。

洗剤に重要な物質は**「界面活性剤」**です。**界面とは、物質と物質が接する境界のこと。**洗濯では油と水が界面ですね。**界面活性剤は、水に馴染みやすい「親水性」と油に馴染みやすい「親油性」の2つの性質を持つ物質**です。界面活性剤は、衣類に付着した皮脂に親油性の部分が結合し、皮脂を取り囲んで油滴となる。そうして周りの親水性の部分が水の中に溶け込み、本来混じり合わない物質が混じり合って洗浄するわけです（**図1**）。

実は、**界面活性剤は大きくイオン性と非イオン性（ノニオン）に分かれます。**イオン性界面活性剤には、水に溶解時のイオンの種類で陽イオン性（カチオン）、陰イオン性（アニオン）、両性界面活性剤の3タイプがあります。**陽イオン性界面活性剤は、吸着性や柔軟性があるため、柔軟剤・リンス・消毒剤**などに、**陰イオン性界面活性剤は、強力な気泡性や洗浄力を持つため、衣料用洗剤・ボディソープ・シャンプー**など、**両性界面活性剤では、台所洗剤・ボディソープ・シャンプー**に使われます。**非イオン性界面活性剤には、エステル型、エーテル型、その合体型などがあり、食品乳化剤・化粧品・分散剤・金属加工油ほかに利用さ**

●デンプン：化学式（$C_6H_{10}O_5$）$_n$
●タンパク質（アミノ酸）：化学式R-CH（NH_2）COOH
※C：炭素　H：水素　O：酸素　R-CH：炭化水素基　N：窒素　COOH：カルボキシ基

本文参考：日本石鹸洗浄工業会　https://jsda.org/w/03_shiki/2kurashi_21.htm
日本界面活性剤工業会　https://jp-surfactant.jp/surfactant/nature/index.html
コープクリーン　https://www.coopclean.co.jp/senzai/senzai_word.html

れているそうです。

酵素含有の洗剤もありますね。皮脂や食べこぼしなど、デンプンやタンパク質の汚れを分解して落としやすくするためです。30～40℃のぬるま湯に浸けおきしたり、液体洗剤なら、汚れの部分に直接塗ることで効果的になります。

石鹸は5000年前のシュメール（現イラク）の粘土板に記録に残っているそうです。要約すれば、「サポーの丘という神聖な場所で、羊を焼いて神に捧げる儀式が行われた。滴り落ちた脂と焼いた木の灰が雨に流され、川に堆積した土が汚れをよく落とすと珍重された」というような話。**Soap（ソープ）はSapo（サポー）が語源**です。


わしは平賀源内。天才といわれた江戸時代の発明家で本草学者・蘭学者・医師に戯作者・地質学者。大山師ともいわれたわ。

さて、イオンという言葉が出てきたの。これは電気を帯びた原子や原子団のことよ。正の電気を帯びていると陽イオンで、負の電気を帯びていると陰イオンだ。

それに汚れを洗い落とすには、界面活性剤が必要だが、こやつは水大好きと油大好きの二面性を持つという。まったく、わしみたいに掴みどころがないのう。

図1 汚れを落とす界面活性剤

界面活性剤は、水ととっても仲のいい親水性と、油とすごく仲のいい親油性でできているぞ。

この服には油汚れがべったり付いているぞ。だが大丈夫。洗剤には水の大好きな界面活性剤が入っているから水に溶け込むのだ。

あっ、油汚れだ! だけど安心安心。界面活性剤には油が大好きな物質も入っているから油汚れなんか平気なのだ。

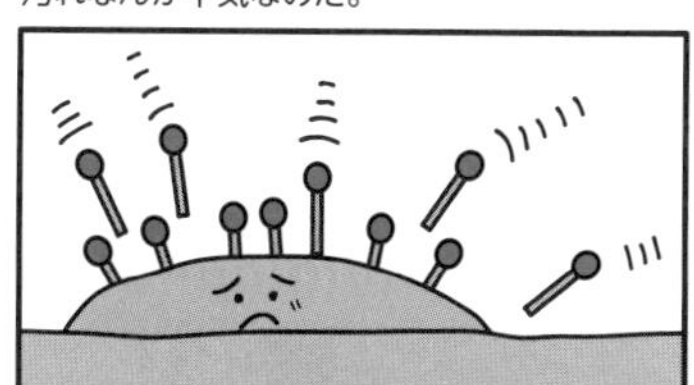
ややや、仲間の界面活性剤たちも集まってきたぞ。

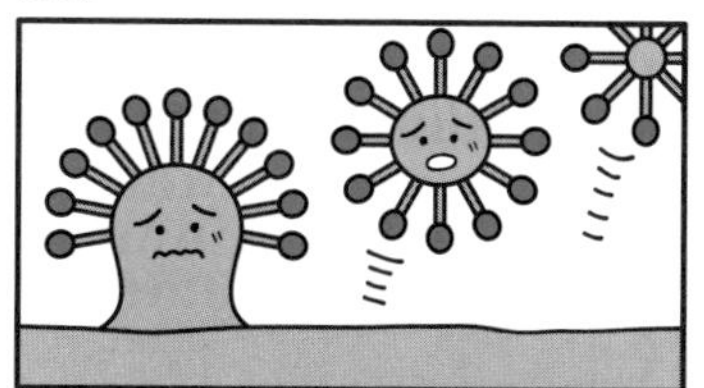
ほら、おれたち界面活性剤が汚れを取り囲む。まず水好き君が表面を覆い、次に油汚れを油好き君が油滴になって、水の中に引っ張り出す。出てきた油汚れが細かくなったから洗濯水と一緒に洗い流せるぞ。これで一件落着だ。

資料：経済産業省
https://www.meti.go.jp/policy/chemical_management/chemical_wondertown/drugstore/page01.html

02 石鹸はどうして体の汚れを落とせるのだろう？

石鹸は身近なものなので、もう少し取り上げてみましょう。石鹸の「石」は、**文字通り石なので固い物質**、**「鹸」は、塩水が固まったアルカリの結晶とか、灰を濾した水の意味**です。石鹸は、安土桃山時代に南蛮貿易によって渡来し、当初は灰汁を麦粉で固めて使っていたといいます。江戸時代には**ポルトガル語を語源とする「シャボン」**の名で使われ、**明治に入ると漢語重視によって造語「石鹸」と名付けられ**ました。参考までに現在の石鹸製造工程図を載せておきます**（図1）**。

さて、体の汚れの70％は汗です。汗はシャワーを浴びるだけでも落ちます。残りの30％が皮脂や古い角質などの汚れで、石鹸の洗浄力で落とせます**（図2）**。**皮膚は、脂分を含んでいるので界面活性剤の親油性（親油基）の部分が脂の周りを取り囲み、皮膚から剥がして脂と結合する。外側は親水性（親水基）なので水に溶けやすくなって流れ落とす**という仕組みです。新型コロナウイルスなどの感染予防に手指の洗浄が有効なのは、ウイルスが脂質の膜で覆われているので界面活性剤がウイルスの膜を壊し、感染力を弱めるためです。

ところで、石鹸には**固形石鹸**と**液体石鹸**があります。**固形石鹸は、動植物油脂に水酸化ナトリウムを反応させて固形化**する。水に溶けにくいので石鹸成分が多く、洗う力が強い。**液体石鹸は、動物油脂に水酸化カリウムを反応させる。**水に溶けやすく、泡立ちがよい。それぞれに特徴があるということですね。

洗浄する際は、泡立てることがポイントです。きめの細かい泡の立て方には、柔らかいボディタオルや泡立てネットがオススメ。きめの細かい泡なら、ゴシゴシ擦る必要はありません。やさしく

●水酸化ナトリウム：化学式NaOH
●水酸化カリウム：化学式KOH
※Na：ナトリウム　K：カリウム　OH：水酸化物イオン

本文参考：石鹸の語源　https://gogen-yurai.jp/sekken/
体の洗い方　https://media.sbishinseibank.co.jp/column/lifestyle/post-43.html
ウイルス感染予防　https://kids.gakken.co.jp/jiyuu/category/art/2020_special_02/

図1 現在の化粧石鹸の製造工程（連続中和法）

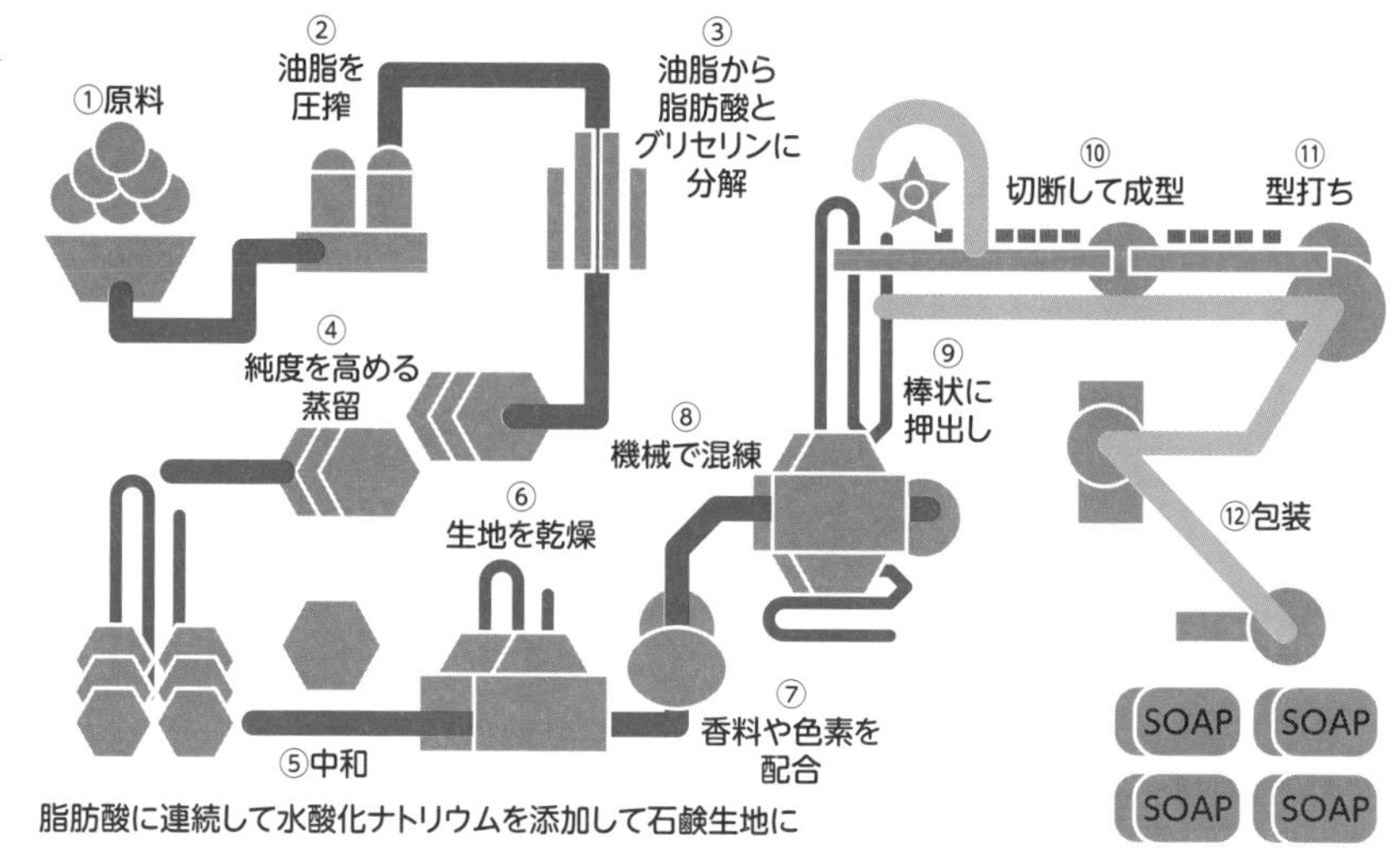

資料：日本石鹸洗剤工業会 https://jsda.org/w/06_clage/4clean_198-4.html

泡で洗うだけで皮脂は落とせます。注意すべきは熱過ぎるシャワー。肌の乾燥につながるのです。**皮脂が溶ける温度は約30℃**なので、ぬるめのお湯でも皮脂を洗い流せます。また、肌の弱い人が皮脂を落とし過ぎるのはダメですし、洗浄後に乾燥が強くなるようなものは避けなければなりません。

石鹸は、とても有用なものですが、何事にも程度があります。適切な使用を心がけることですね。

図2 体の汚れの落とし方

体は汗と皮脂で汚れている

シャボンは安土桃山時代に西洋から伝来したのだの。文政7年（1824年）に蘭学者の宇田川榛斎と養子の榕菴がシャボンを医薬品としてつくっているのう。洗濯石鹸は横浜の堤磯右衛門が明治6年（1873年）に日本初の石鹸製造所を開いて商売用につくった。翌年には化粧石鹸も製造したというぞ。

03 ある洗剤は混ぜるとどうして危険なのだろう？

洗剤は化学物質なので、取り扱いに注意の必要な製品がありますね。そのため**「まぜるな　危険」（図1）**と表記した洗剤を目にすることがあるでしょう。どうして、そうした表記が必要になったのか。あとで説明しますが、混ぜてはいけない洗剤を混ぜて重大な事故が起きたからです。

家庭で使う洗剤には、大きく分けて3タイプがあります。トイレ用洗剤などの**酸性タイプ**、油汚れを取る**アルカリ性タイプ**、除菌も漂白もできる**塩素系**のものです。このうち、**酸性タイプと塩素系洗浄剤を混ぜると有害な塩素ガスが発生**します。ですから、「まぜるな　危険」と表記されている製品は、

- **必ず単独で使用すること**
- **使用の際には換気をすること**
- **使用前に注意事項をよく読むこと**

が重要で、これらを守ることが鉄則となります。そのうえで**疑問や不安があれば消費者センターに相談**する。これも心に留めておいたほうがいいでしょう。

また、万が一、**有害ガスが発生したときは、発生場所から離れ、素早く換気をする。皮膚、目、口に付着したなら、流水で洗い、病院に行く。**これも鉄則ですね。

では、「まぜるな　危険」の表記についてですが、この**表記が義務付けられたのは、1980年代に一般家庭で数件発生した事故がきっかけ**でした。清掃時に混ぜてはいけない洗浄剤を誤って混合したことで発生した塩素ガスを吸い込み、亡くなられた方が出たという事例です。幸い「まぜるな　危険」の注意書き表示が義務化されたことと、混ぜたら危険ということが周知されてきたためか、

●次亜塩素酸ナトリウム：化学式NaClO
●次亜塩素酸水：化学式HClO
※Na：ナトリウム　Cl：塩素　O：酸素　H：水素

本文&図参考：東京くらしWEB　https://www.shouhiseikatu.metro.tokyo.lg.jp/trouble/trouble65-mazeruna-kiken-170501.html
さんぽのひろば　https://riss.aist.go.jp/sanpo/riscadnews/2021/11/p8557/

図1 「まぜるな　危険」の表記

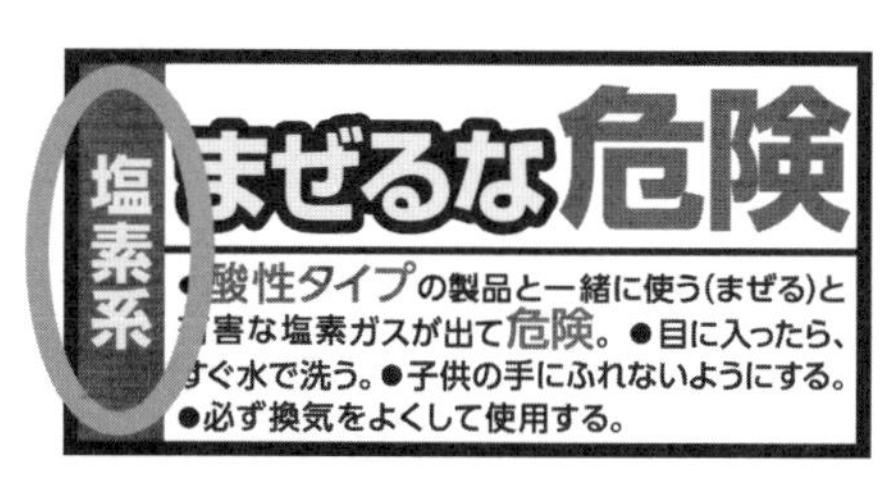

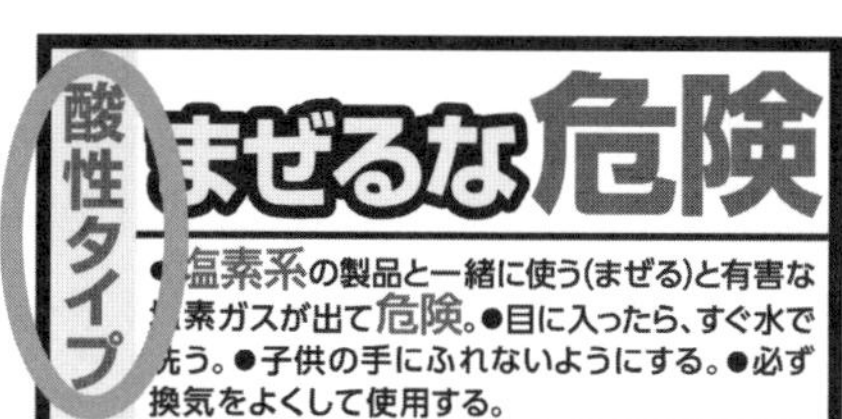

資料：日本家庭用洗浄剤工業会
http://senjozai.jp/caution/caution_b.html

ところで、新型コロナウイルスに消毒や除菌で大活躍したのが、アルコール消毒液や塩素系漂白剤だの。塩素系漂白剤はウイルスに有効濃度があるが、その主成分の次亜塩素酸ナトリウムは強力なアルカリ性で下手に触れれば手が火傷する。気を付けねばならん。
次亜塩素酸水はアルコール消毒液の代替液として注目されたの。酸化作用によって細菌やウイルスに除菌効果があるが、次亜塩素酸ナトリウムとはまったく別物、似て非なるものだな。
使用方法や注意事項をよく確認して使わなければならんぞ。

家庭内での事故はほとんど聞かれなくなったように思われます。

ところが、残念なことに、事故は工場や学校のプールで起こっています。食品工場の場合、殺菌目的で洗浄剤を使うため、その際に誤混入して事故を誘発した事例です。学校での事故の多くはプールで起きています。薬剤タンクを消毒するときに消毒剤を誤って混ぜてしまい発生したのですね。

おおかたの事故は、人の不注意からでしょう。何事につけヒューマンエラーは慣れてきたころに起きがちです。危険物を取り扱うときには、急がず手順を再確認して臨むことが大事なのですね。

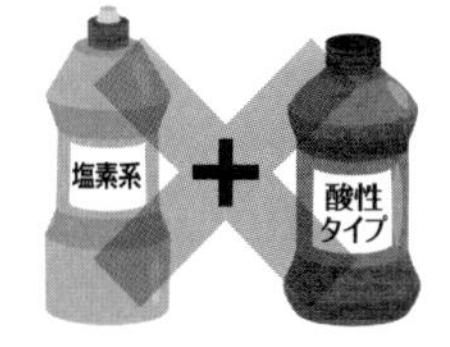

04 漂白剤はどうして布地を白くできるのだろう？

「漂白剤」というと、思い浮かぶのは緑色か白色容器に入っている製品で、少し刺激臭があるものかもしれませんね。漂白剤とは、繊維や食品などに含まれる色素を化学的に分解して製品を白くする薬品です（図1・図2）。酸化作用や還元作用を利用するタイプがありますが、**家庭でよく使われるものは酸化型の漂白剤**なのでここでは酸化型を取り上げます。**酸化型には塩素系と酸素系とがあり、「活性酸素種」が働いて効力を発揮**します。

活性酸素……？　聞いたことのある言葉ですね。

活性酸素は、酸素の活性型で生活習慣病や老化に関係しています。呼吸で体内に取り込まれた酸素の一部が、通常より活性化した状態になるのが活性酸素種です。**活性酸素種は通常なら細菌などを攻撃しますが、多過ぎると細胞まで攻撃して障害を起こしてしまう。**まさに諸刃（もろは）の剣ですね。そんな活性酸素種ですが、脱色の力がとても大きい。ただし、酸化型の塩素系漂白剤には注意が必要。塩素を発生して刺激臭を出すからです。なので、忘れずに換気をする必要があるのです。

漂白剤の1つに、**さらし粉（次亜塩素酸カルシウム）**があります。**カルキ**ともいいますね。これは**消石灰（水酸化カルシウム）に塩素を吸収させたもの**で、1799年にイギリスの化学者**チャールズ・テナント**（1768〜1838年）が発明しました。工業的にはパルプや繊維の漂白に使われるそうです。厚生労働省の規格基準日本薬局方名では、サラシ粉は漂白・殺菌剤と規定され、**感染症患者の使った器具や食器の消毒のほか、プールにもさらし粉の錠剤を投入して消毒します。**

漂白・殺菌剤には、ドイツ語で過酸化水素の意味を持つ**オキシドール**もあります。**弱酸性でオゾ**

●さらし粉（次亜塩素酸カルシウム）：化学式$Ca(ClO)_2$
●オキシドール：化学式H_2O_2
※Ca：カルシウム　Cl：塩素　O：酸素　H：水素

本文参考：家庭科学総合研究所「酸化型漂白剤の科学」 https://www.1101.com/kasoken/2003-08-15.html
コトバンク　https://kotobank.jp/word/さらし粉-69930
健栄製薬「消毒薬の選び方」 https://www.kenei-pharm.com/medical/countermeasure/choose/feature11/

図1 漂白剤の種類

オキシドール。過酸化水素だが、1818年にフランスの化学者ルイ・テナール（1777-1857年）が発見したのだな。医薬品として使用されたのは1913年ごろとかいうが、はっきりしたことはわからんらしい。傷の消毒や口内粘膜の消毒、歯の清浄などに使われるが、使い方を間違うと皮膚に発疹や痒みが出ることもあるそうだ。気を付けて使わねばならんの。
だが、いまでは医薬品にだけ利用されているわけではないぞ。食品の殺菌保存での漂白、種子の発芽を促すなど農業にも役立つようだし、工業でもビニール樹脂可塑剤の原料などにも用途があるそうだ。多様な薬品に看板替えだわい。

図2 漂白の洗濯表示

△	塩素系・酸素系の漂白剤使用可
△（斜線入り）	酸素系漂白剤使用可・塩素系漂白剤使用不可
△（×印）	塩素系・酸素系漂白剤の使用禁止

ン臭がする薬品です。血液や細胞などに触れると細胞内に含有するカタラーゼの分解作用で大量の酵素の泡を発生し、異物を洗浄します。また、医療器具などカタラーゼを含まないものに用いればオキシドールは分解せずに、細菌やウイルスを短時間で滅殺するという効力を持っています。

ところで、最近**「ゾンビ臭」**という言葉を聞きませんか。**洗濯したのに部屋干し臭や生乾き臭などがする不快な臭い**です。これは、衣類に残ったニオイ菌と汚れ残りが原因です。実際の**原因菌はモラクセラ菌**で、5時間で増殖します。といっても、いまでは洗浄力の強い洗剤が開発され、抗菌効果も24時間持続してモラクセラ菌の増殖を抑制します。40℃のお湯に漂白剤を混ぜて浸けおくことも有効だそうですよ。

05 水はどうして100℃で沸騰するのだろう？

「水はどうして100℃で沸騰するのか」

当たり前のことと気にしなかった現象に、フト疑問を持ったけれど、その答えがわからない。物知りに答えを訊すと、「水だから！」といわれてしまった。そんな答えでは、不得要領で首を傾げてしまいます。ですが、物知りの答えは、言葉足らずではあっても間違いとはいえないのです。

水の氷点と沸点を決めようと提案したのは、スウェーデンの天文学者アンデルス・セルシウス（1701〜1744年）でした。ただし、1742年に彼が提案した考えは氷点が100℃、沸点が0℃といまと真逆。のちに現在のように、氷になる温度が0℃で、沸騰する温度が100℃に変更されます。日本語では「摂氏」で表しますが、**正しくは「セルシウス度」で、「℃」はセルシウスの頭文字「C」を付けたもの**。まぁ、こんな経緯もあって、水の氷点と沸点が決定された。なので、「水だから！」は、基準物質が水だったことの謂というわけです。

ところで、水が温度と気圧によって、**固相（氷）・液相（水）・気相（水蒸気）の状態（図1）になる関係を「水の相図」（図2）**で表し、それらが**昇華（水蒸気⇅氷）・蒸発&凝結（水蒸気⇅水）・凝固&融解（氷⇅水）になる関係を「水の相変化」（図3）**で表します。水は100℃にならなくても湯気を出しますが、これは沸騰ではなく、蒸発という現象です。**沸騰とは、液中で蒸気泡が生成される現象**を指します。

この**沸騰現象は、1934年（昭和9年）の論文によって明らかにされます**。論文を発表したのは**機械工学者の抜山四郎**（1896〜1983年）でした。そうして、この**研究が燃焼ボイラーや蒸**

本文参考：永井二郎「お湯が沸くしくみ」日本調理科学会誌47 (3) 187-189 (2014)
日本伝熱学会/抜山記念国際賞 https://www.htsj.or.jp/nukiyama

気発生器の設計や制御に関係する伝熱工学の研究につながっていくのです。きっかけは、日露戦争当時、艦船の蒸気を落とすとすぐに再稼働できなくなることを改善するための研究でした。その改善のための理論を見つけたのが抜山教授。当時としては、たいへんに先進的な研究として評価されたといいます。

沸騰から伝熱工学へ、人間の興味は湯気のように無窮（むきゅう）自在の時空にあるようです。

図1 水の変化による水分子の状態

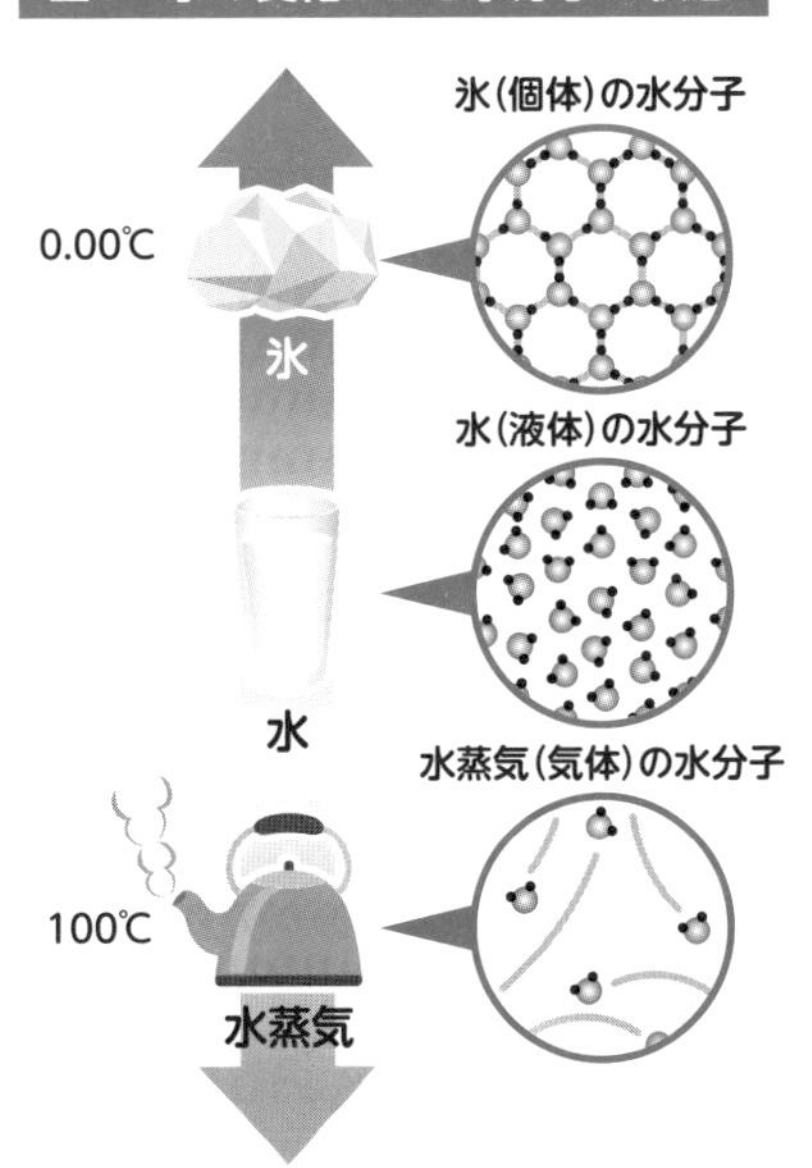

図2 水の相図

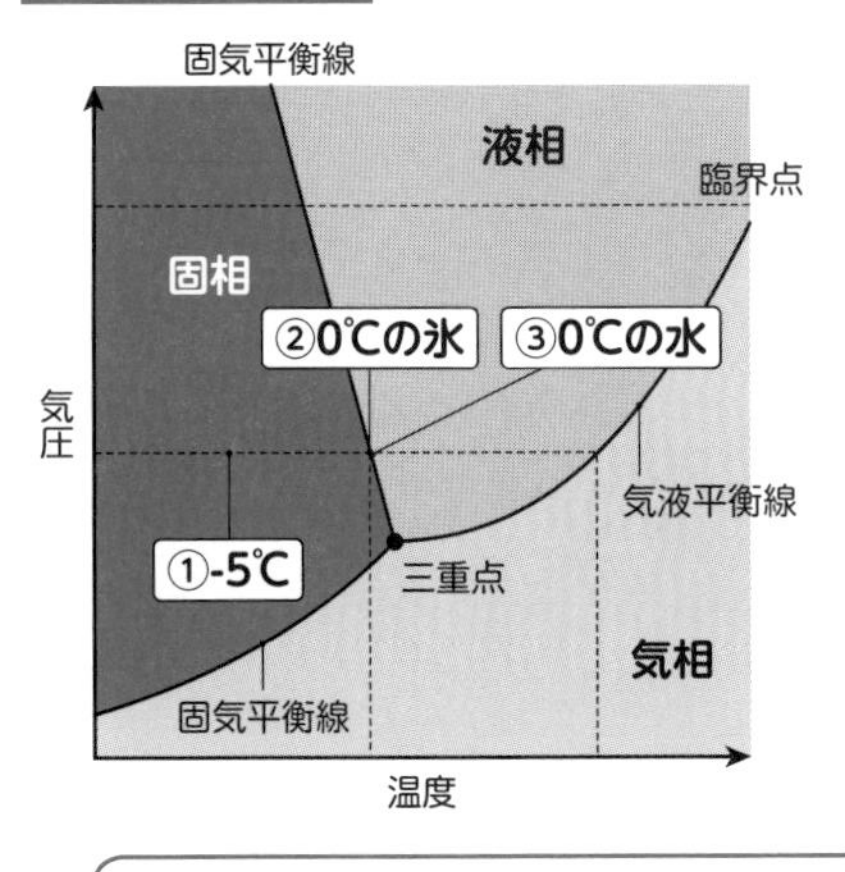

図3 水の相変化

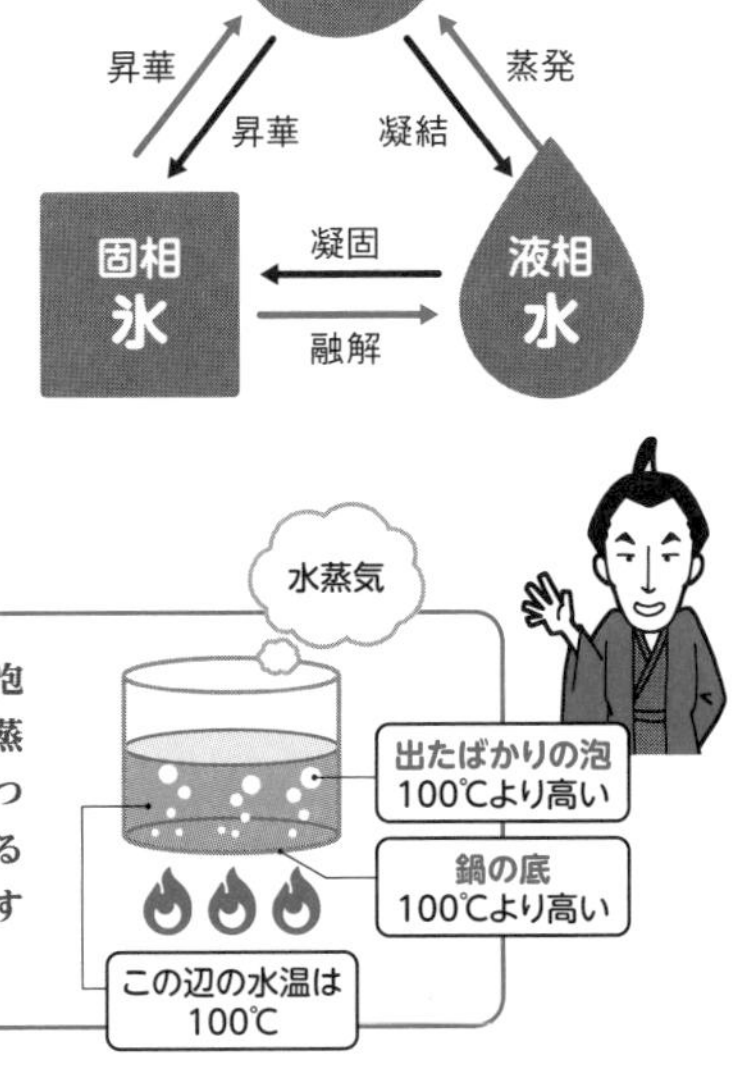

水が沸騰すると図のようになるのう。図では鍋底から気泡が発生しているが、これは目に見えないキズに空気や水蒸気が取り残されているからだ。だから、熱すると蒸気泡をつくる沸騰核となる。鍋底に接している水温が100℃を超えるとキズの大きさに比例した蒸気泡が成長して離れる。そうするとボコボコと音が鳴って、沸騰がわかるということだの。

06

鉛筆はどうして文字が書けるのだろう?

何気なく使っている鉛筆ですが、フト「鉛筆が文字を書けるって、どうしてかな?」などと疑問に思ったことがありませんか。答えは至極簡単で、「紙に当てたところの芯が少しずつ砕け、砕けた芯に含まれている黒鉛が紙の繊維にくっつくから」となります。

これでは拍子抜けするでしょうから、もう少し詳しく続きを。**鉛筆の芯が何でできているかというと黒鉛と粘土**です。黒鉛といっても鉛ではないですよ。**炭素**です。この**黒鉛、層状に積み重なっているので芯を紙に当てると紙の凸凹に引っ掛かり、黒鉛の層が剥がれて文字が書ける**わけです**(図1)**。プラスチックやガラスのように凸凹がなければ文字は書けません。

鉛筆は1560年代、イギリスのボローデール鉱山で良質の黒鉛が発見されたことが誕生のきっかけです。歴史は「黒鉛を細かく切ったり、握り部分をヒモで巻いたりして文字を書く道具にした。黒鉛が掘り尽くされると、黒鉛の粉末に硫黄を混ぜて溶かし、それを練り固めて棒状にし、筆記具とした。その後の1795年、硫黄の代わりに粘度を使い、焼き固めて芯をつくるようになった」との逸話を語っています。

日本の筆記具は、中国伝来の筆と墨。**墨は煤(すす)とゼラチンを練り固めたもの**です。煤は黒鉛に近く、炭素の微粒子の集まりです。墨文字が濃淡を持つのは、この炭素の微粒子によるわけです。

驚くのは、手軽で便利だったせいなのか、徳川家康や伊達政宗が鉛筆を使っていたこと。しかも、家康が使った日本最古の鉛筆が、久能山東照宮博物館に収蔵されている。芯はメキシコ産黒鉛、軸は赤樫だそうです**(図2)**。

本文&図参考:三菱鉛筆WEB博物館 https://www.mpuni.co.jp/special/qa/mistery.html
東洋経済ONLINE「同素体」 https://toyokeizai.net/articles/-/228974?page=3

ダイヤモンド

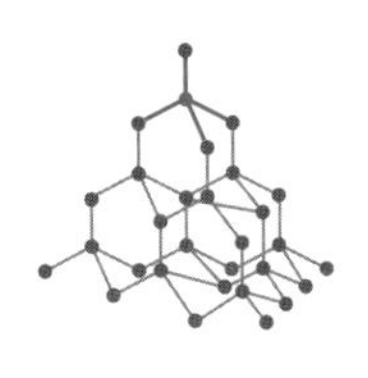

黒鉛

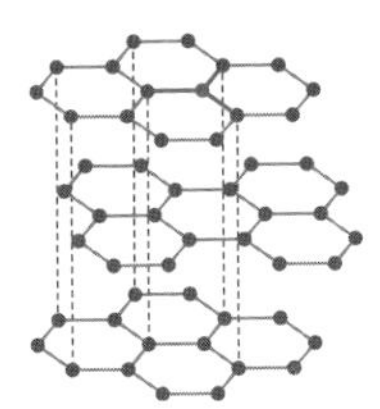

黒鉛はグラファイトや石墨ともいうが、これが炭素からできているのは本文の通りだ。驚くのはダイヤモンドも炭素からできていることだな。といっても、同じものではないぞ。黒鉛は層状になっていて剥がれやすい性質を持っているが、ダイヤモンドはまったく違う。これの説明はものすごくむずかしい。三次元、まぁ立体空間だな、その空間に完全な対称性と物理的性質が同じ方向性を持つ等方性の結晶構造でできているのがダイヤモンドだ。つまり、壊れにくいということだの。図を見れば結晶構造の違いがわかる。それに、成分の元素が同じでも、異なる物質を「同素体」というのだぞ。

資料：ViCOLLA Magazine https://brain.vicolla.jp/2018/10/06/graphite-diamond/
サイエンスストック https://science-stock.com/graphite-diamond/

ところで、鉛筆にはH・B・Fなど、芯の「硬さ」と「濃さ」を示す記号が印刷されています。Hはhardの頭文字で、BはBlack、FはFirm（引き締まったの意味）です。**Hは硬さの尺度で、B柔らかさの尺度、その中間がF**というわけです。また、鉛筆に使われる木材は、インセンスシダー（ヒノキ科）で、計画的に伐採、植林が行われているといいます。

鉛筆は、幼いころから大人まで、なくてはならない筆記具。書いては消し、書いては消し、と人生の友ですね。

図1 鉛筆が文字を書ける仕組み

紙の表面は植物繊維が折り重なっている。その繊維の隙間に黒鉛の粉が入り込み、文字が書ける。

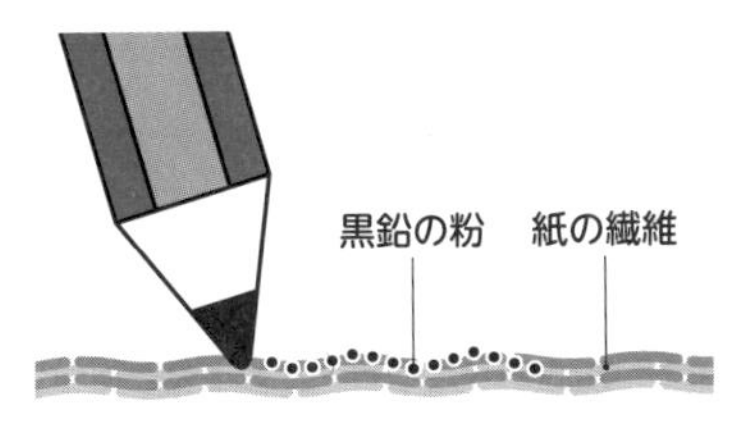

図2 徳川家康の鉛筆（レプリカ）

資料：日本筆記具工業会「鉛筆お役立ち情報」
http://www.jwima.org/pencil/03rekishi_jp/

07 消しゴムはどうして文字を消せるのだろう？

消しゴムは、アメリカで**Eraser**、イギリスで**Rubber**といいます。また、消しゴムの削りカスは、**“eraser shavings”**または**“shavings from one's eraser”**です。実は、shavingsの意味が文字を消せる理由なのです。「shavings＝削る（カス）」という言葉が、そのまま消しゴムの性質を言い当てています。**鉛筆で文字を書いても、消しゴムで紙を擦ると黒鉛の粒子が絡め取られて文字が消えます（図1）**。たとえインクで書いた文字でも、砂消しゴムを使えば染み込んだインクを削ぎ落として消せます。

1560年代に登場した原初鉛筆から遅れること200年余、**1770年に酸素の発見者でもあるイギリスの化学者ジョゼフ・プリーストリー**（1733〜1804年）**がゴムで鉛筆の文字が消せることを発見**します。これが消しゴムの事始めでしたが、消しゴムの原料は天然ゴムだった。天然ゴムの消しゴムは長い間使われていましたが、やがて**プラスチック製の消しゴムに取って代わられます**。その先陣を切ったのが日本のメーカー。**1959年（昭和34年）、世界に先駆けて「プラスチック消しゴム」を発売**したのです。

実は、天然ゴムからプラスチックに変わるのには理由がありました。明治時代に義務教育が制度化し、筆記用具の需要が飛躍的に増えていきます。ですが、消しゴムの原料である天然ゴムは輸入品。なんとか安定した消しゴムの提供と品質の向上ができないものかと、新素材の開発が急がれました。その研究の成果がようやく実ったのが、先の事例です。**プラスチックを材料に、油を混ぜながら加熱すると、化学反応を起こしてプラスチックと油が結合しはじめます。それを調整し、消し**

本文＆図参考：kiminiブログ「消しゴムの英語」 https://kimini.online/blog/archives/9309
トンボKIDS「消しゴムの歴史」 https://www.tombow.com/sp/kids/eraser/history_tombow.html

ゴムの硬度と形状に成形してつくっていくのです（図2）。

　また、砂消しゴムの砂は、海砂より細かい珪砂（けいしゃ）というガラス状の粉が使われているため、サンドペーパーのような働きができます。ただし、インクを消すには砂消しゴムの持ち方と紙への擦り方にコツがあるそうです。砂消しゴムを寝かせるように持ってから水平に紙へ当て、力を入れずに時間を掛けて擦る。これがテクニックなんだとか。いずれにしろ道具は使い方が大事、ということですね。

図1　消しゴムが鉛筆の文字を消す仕組み

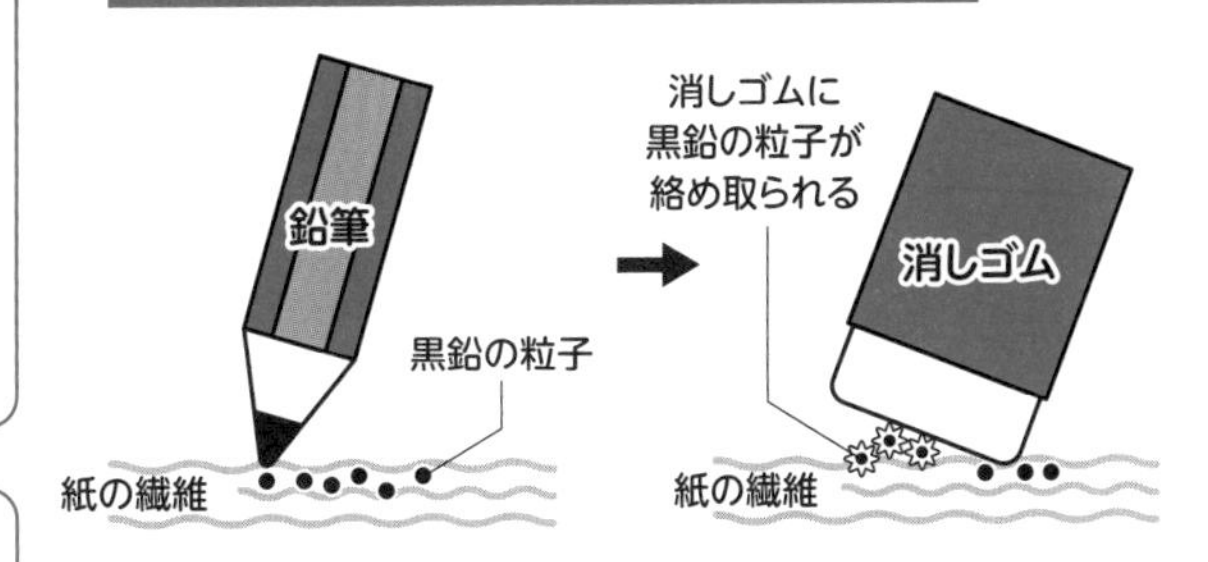

文字を紙に鉛筆で書くと、紙の繊維に黒鉛の粒子が絡まる。消しゴムで紙を擦り、紙の繊維に絡まった黒鉛の粒子を絡み取る。

資料：東洋経済ONLINE https://toyokeizai.net/articles/-/228974

いやはやビックリするような消しゴムがあるものよ。「おもしろ消しゴム」とかいうそうだが、寿司に野菜、菓子や動物、乗り物など、なんでもござれだわ。
いろんな香りのする消しゴムもあるとかで、なんとコーラの香りがいちばん人気だったというぞ。これも遊び心と好奇心から生まれたのかのう。

図2　消しゴムをつくる工程

❸ 型入れ/圧縮

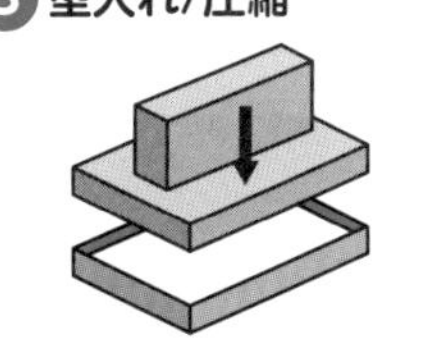

熱の温度や時間を調整して消しゴムの硬さにしたあと、消しゴムの形状に合わせた型に入れて固める。

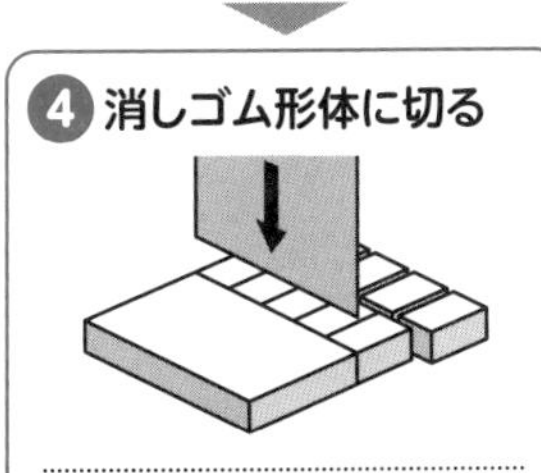

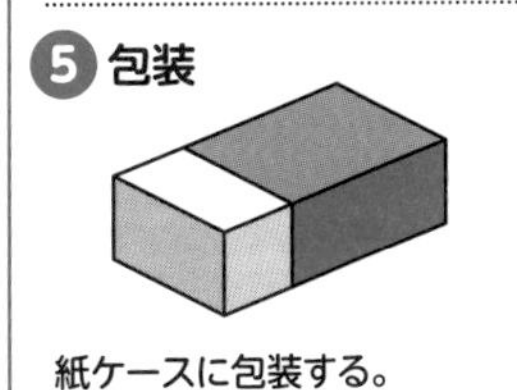

紙ケースに包装する。

08 ボールペンはどうして文字が書けるのだろう？

ボールペン（**図1**）。その名の通りペンの先端にボールが付いています。簡単にいうと、この**ボールにインクが付着し、凸凹のある紙の上を回転することで紙の上にインクが載り、乾燥して文字が定着する**のです。**インクには水性と油性があり、通常、ボールの直径は、油性で0・7㎜、水性は0・5㎜**です。

インクは重力によってボールに送られるので、上向きに置くのはダメ。ペン先の乾燥はインクが出なくなる原因にもなります。なので、ノック式では戻すことが必須ですし、キャップ式ではキャップのかぶせ忘れをしないことです。

書き方も文字に影響します。**胴軸を寝かせ過ぎて書くと文字が紙にきれいに付着しないうえ、胴軸先端の外周が紙に当たって磨り減り、壊れる原因となります**。また、加圧式ボールペン以外では、上向きで書くとインクが出ないばかりか、逆流を起こして手指を汚す原因にもなりかねません。

ところで、油性と水性のインクの違いとはなんでしょうか。**色素や定着剤を溶かす溶剤の違いで、有機溶剤を使えば「油性」、水なら「水性」**となります。では、**インクの色を決める色素には何があるのか。染料と顔料の2種類**ですね。その色素を紙に定着させる定着剤は、主に樹脂です。**染料は、水や溶剤に完全に溶け、筆跡の発色にすぐれている反面、耐水性や耐光性が顔料より劣ること**があります。その**顔料は、溶剤に色素が分散するために、筆跡の耐水性や耐光性を持つ色素**です。

「消せるボールペン」も話題になりました。**「フリクションインキ」**が色素の役割を果たしますが、ルーツは日本。ちなみに、「インキ」という言葉が出てきましたが、インクは慣用的に使われ、イ

本文＆図参考：日本筆記具工業会「ボールペン」 http://www.jwima.org/pen/ballpen1_1.html
フリクションインキ https://www.pilot.co.jp/media/assets/doc/knowledge/03_knowledge002_pdfA4.pdf
KoKa Net https://www.kodomonokagaku.com/read/hatena/5226/

ンキは印刷業界などで使われているそうです。

それはともかく、**フリクションインキには、発色剤・顕色剤・変色温度調整剤が入っています。**紙に文字を書いても変色温度調整剤は反応しませんが、**発色剤と顕色剤が反応して文字が見える**のです。ところが、**ペン後端に備えた専用のラバーで60℃以上になるまで紙に書かれた文字を擦ると、顕色剤と変色温度調整剤が結合して文字が消えはじめ、65℃で完全に消えてしまいます。**逆に**マイナス20℃以下にすると、元の状態に戻って文字が復活する（図2）。**これが消せるボールペンの仕組みで、目の前で化学反応の面白さが観察できるというわけですね。

フリクションインキはパイロットインキが1975年（昭和50年）に発見した「メタモカラー」（温度変色）が原理だ。温度が上がればゆっくりと色が消え、温度が下がればだんだんと色が戻ってくる。2007年(平成19年）に「消せるボールペン」の名で商品化されたわい。だが、このボールペンは公的書類とか履歴書には使えんぞ。書類を提出したのに文字が消えていたらびっくりだからのう。

図1　ボールペンの構造と筆記角度

インクがペン先内部のボールに付着し、文字を書くときにボールが回転する。そのときにボールに付着したインクが紙に転写して文字が写る。ボールペンのペン先内部にボールの受座があり、滑らかな回転が可能になるように設計されている。受座は文字を書くときにボールに掛かる力を支えているが、筆記角度が斜め過ぎるとインクがうまく紙に載らない。そのため、ボールペンを持つ角度は60°～90°が最適となる。

図2　フリクションインキが消える仕組み

摩擦熱により65℃になるとインクが透明になるように温度を設定。通常のインク顔料に当たる役割を、ABC3種の成分を含有したマイクロカプセルが果たす。現在では－20℃で復色するよう設定。温度によって文字や絵が消えたり復活したりするので消しゴムは不要。何度でも書き直しが自由である。

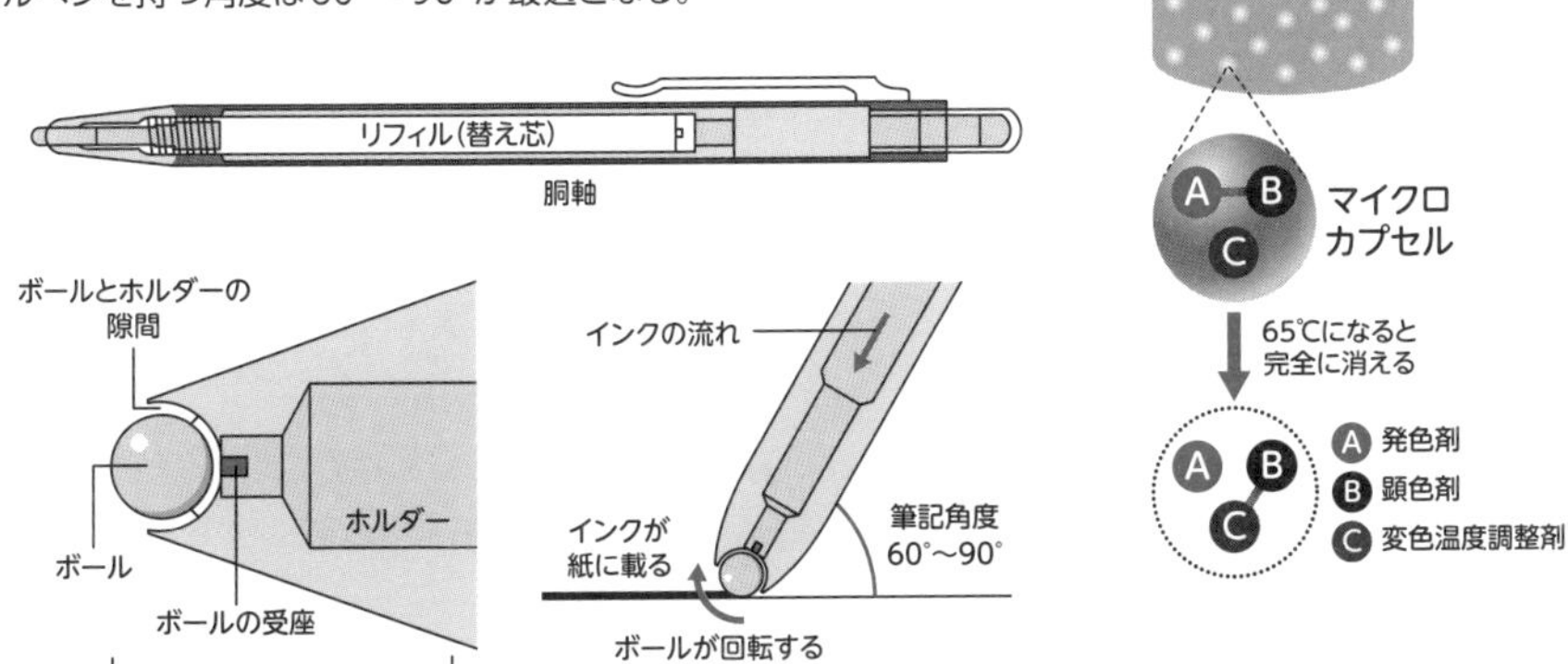

09 セロハンテープはどうしてモノをくっつけるのだろう？

セロハンテープ（セロテープは商品名）がくっつく。当然過ぎて誰も疑問を持ちません。ですが、その成り立ちはどうだったのでしょう。

セロハンテープは、セロハンに塗られた粘着剤**（図1）**が凹凸のある紙の表面に接することでくっつきます。**粘着剤は半固形で粘性を持った物質**でできています。

そのセロハン**とは、再生繊維素セルロースを有する木材パルプを原料とした透明な膜状のフィルム**で、1908年に**スイスの化学者ジャック・ブランデンベルガー**（1872〜1954年）**が発明**しました。はじめて人類が手にした透明フィルムですね。ただし、この**セロハンを粘着テープに仕上げたのは、アメリカ3M社のリチャード・G・ドルー**。1930年のことだそうです。

実は、セロハンテープの開発はなかなか難儀なものでした。求められていたのは、セロハンで包んだ商品を、見栄えをよくするために同じ透明のセロハンで止めたい、ということです。そのためにはセロハンテープをつくり、**テープのウラ面には粘着剤がしっかり付着し、テープのオモテ面は剥がれやすく、かつ粘着剤がつきにくいものでなければならなかったのです。**

ところが、当時「テープに粘着剤をくっつけてロール状に巻いたら、剥がしたときにその粘着剤が下のテープにくっつくだけで、何にもならない。だから、そんなテープをつくるなんて無理だ」と思われていました。そんな常識を覆したのがドルー。彼はセロハンに粘着剤を塗ってもう1枚のセロハンにくっつけ、粘着剤を塗ったセロハンを引っ張ってみた。すると、粘着剤は下のテープにつかず、粘着剤は塗ったテープに付着したまま剥

●セロハン（セルロース）：化学式 $(C_6H_{10}O_5)$ n
※C：炭素　H：水素　O：酸素

本文参考：Nitto「テープの歴史館」 https://www.nitto.com/jp/ja/tapemuseum/history/index.html

図1　セロハンテープの断面図

剥離剤は粘着剤を弾き、テープを引き出しやすくする。セロハンは本文で記しているように木材パルプ原料のフィルム。セロハンと粘着剤をがっちり密着させるのが下塗り剤。粘着剤は天然ゴムを主原料とした糊。

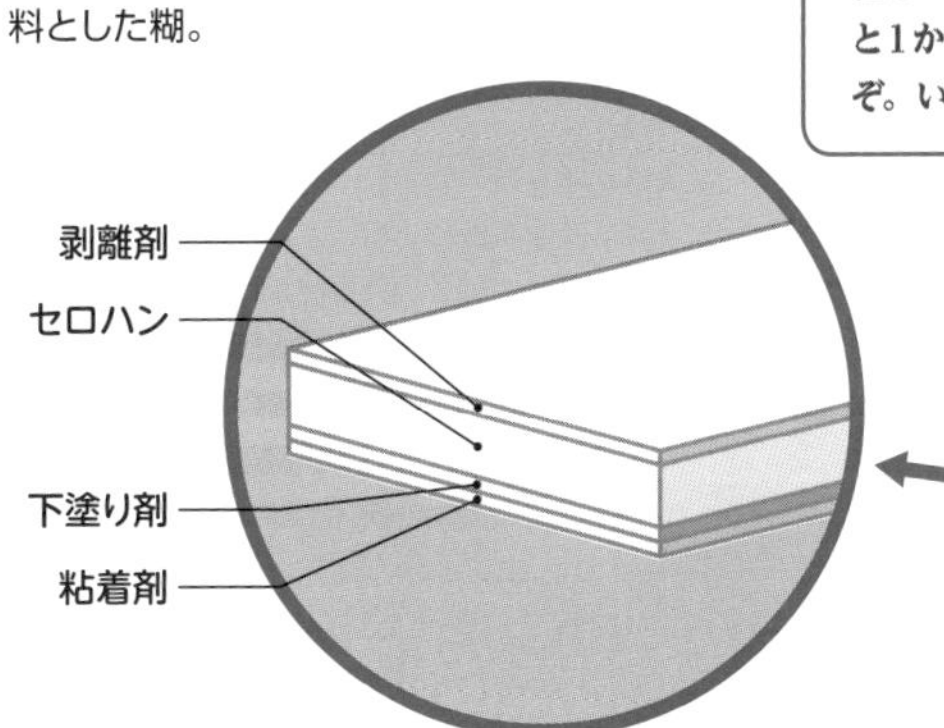

セロハンテープは家庭にとってなくてはならない必需品だの。ところで、セロハンテープが我が日本でつくられるようになったのは、第2次世界大戦後だというぞ。日本に進駐したGHQが事務用にアメリカからセロハンテープを送らせていたが、手間が掛かって面倒だったのかの、医療用絆創膏をつくっていた当時の日絆工業（現在のニチバン）に製造を依頼したのだな。それが、なんと1か月後に試作品ができたからビックリされたというぞ。いやはや日本のものづくりは大したものよのう。

がれたのです。まさに「常識（思い込み）の嘘」が証明された瞬間というわけですね。

ですが、これで問題がすべて解決したわけではありません。**粘着剤をセロハンでつくったテープに安定して塗りつける方法や、乾いても透明になる粘着剤を開発する**必要があったからです。その問題も、**下塗り剤を塗ることや天然ゴムと松脂（まつやに）などの天然樹脂を混ぜ合わせた粘着剤を開発したことで解決**しました。以後、セロハンテープは、人々に「くっつける」作業で大いに恩恵を与えたわけです。

ふだんは日常の便利グッズぐらいとしか思っていないセロハンテープかもしれませんが、当時は「百万ドルの発明」の価値があったといわれ、現在では「世界的な一大発明」と賞賛されているということです。

10 アスファルトはどうして最初の接着剤なのだろう？

セロハンテープの「くっつける」物質は粘着剤でしたが、くっつける物質には接着剤もあります。粘着剤と接着剤は異なるもので、粘着剤は半固形で粘性を持ちますが、接着剤は液体が固化する性質があります。ここでは、その「接着剤」に視点を当てることにしましょう。

人類のモノをくっつけるという営みは、1万2000年ほど前から行われていたのではないか、といわれます。その後も連綿と続いていた「くっつける」でしたが、接着の素材として明らかになっているのは、紀元前3800年前まで遡る**古代メソポタミアで利用されていた天然アスファルト**です。以後、記録が現れたのは、およそ紀元前2600年前、メソポタミア（シュメール／現イラク）のウル遺跡で出土した工芸品**（図1）**です。それは貝殻や貴石を天然アスファルトでくっつけたものでした。また、その技術を引き継いだ古代バビロニアは、道にレンガを敷き詰めて天然アスファルトで固定したほか、石積建築の接着などにも使っていたといいます。

縄文時代の日本でも、秋田地方などでは産出した天然アスファルトを使い、棒に石をくっつけて槍にしていたようです。そんな日本で、時代が下った有史以後、利用された接着剤とはどんなモノだったのでしょう。

日本では、膠（にかわ）や漆（うるし）、デンプンなどの接着物質が利用されていました。膠は、古代中国ですでに利用されていた接着剤ですが、日本に伝播したのは7世紀以降とのこと。**膠は、動物の皮や骨などを煮込んで煮出した液を分離・冷却し、乾燥させて原料にしたもの**です。水に浸して加熱し、溶けたものが接着剤になります。いまでも家具や美術工

●膠：化学式 - (-NH_2-CH (R) -CO-) n-
●漆：化学式$C_{21}H_{34}O_2$
●デンプン：化学式$C_6H_{10}O_5$
※C：炭素　H：水素　O：酸素　N：窒素

本文参考：Nitto「テープの歴史館」 https://www.nitto.com/jp/ja/tapemuseum/history/index.html

芸品の接着に使われ続けていますが、書道に欠かせない固形墨も煤や香料のほか膠が原料です。

漆は（図2）、漆の木の樹液で螺鈿（らでん）や蒔絵（まきえ）などの接着に用いられるほか、**輪島塗や鎌倉彫のような木材の塗料・彩色には必需**です。そういえば、英語で漆器を〝JAPAN〟と称することはよく知られていますね。

コメなどから抽出した**デンプンも、日本では糊として現在でも重要な役割**を担っています。紙を貼り付けるのにもっとも相性がよく、レトロ人気の和傘も、和紙を貼る糊にデンプン・水・柿渋を混ぜて剝がれにくくしているのです。それに**膠やデンプン糊は、温めたり、濡らすことで容易に剝がせるため、古美術品の修復などに適した接着剤**として利用されています。

工業的にも生活でも、「貼る」は重要な役割を持ちます。そのため素材の開発は、古くて新しい分野。将来、どんな「貼る」ものが誕生するのか、期待したいものです。

図1 ウル遺跡のモザイク工芸品

ウルの王墓で発見されたモザイク画。瀝青（アスファルト）を接着剤として赤色石灰岩や貝殻、ラピスラズリ（瑠璃）でつくられた工芸品。場面は饗宴の模様（平和）を現しているが、ほかに戦争の場面なども出土している。

図2 漆の木から漆を採取する「漆掻き」

漆の樹液を採取するのは樹齢10～20年の木。採取された木は枯れるため伐採し、切り株から出た蘖（ひこばえ）を新たに育てる。1本の漆の木から採取可能な樹液は200g。生の樹液は「原料生漆」、濾過した樹液は「精製生漆」で、用途に合わせて加工される。

資料：林野庁
ttps://www.rinya.maff.go.jp/j/tokuyou/urusi/saisyu.html

漆は我が日本人には身近で貴重なものだな。なにせ法隆寺の玉虫厨子にも顔料固定のために漆が使われているというからのう。膠も熟語になったほど馴染みが深い。ほれ、物事が行き詰ったことを「膠着（こうちゃく）状態」というだろう。

11 蝋燭(ろうそく)は何が原料でどうして燃えるのだろう?

蝋燭の炎は古代社会にとって貴重な灯り(**図1**)でした。当時、**蝋燭の原料となったのは、ミツバチが分泌する蜜蝋**(**図2**)です。古代エジプト紀元前14世紀後半のツタンカーメン王墓からの燭台発見、紀元前3世紀エルトリア(現イタリア)遺跡での燭台の絵、古代中国遺跡からの燭台出土によってわかったのが、蜜蝋を原料とした蝋燭と人類の営みでした。やがて、西欧ではキリスト教が繁栄しますが、それに伴い教会の儀式では蝋燭が欠かせないものになりました。なので、教会の要請もあったのでしょう、修道院ではミツバチを飼い、蜜蝋による蝋燭づくりが日常の役務(えきむ)となったのです。

日本に蝋燭が入ってきたのは奈良時代です。仏教とともに中国から伝来しましたが、**遣唐使廃止で蝋燭が入手困難となったため、松脂(まつやに)から蝋燭をつくる独自の製法が開発**されました。松脂蝋燭は、松脂をお湯につけて柔らかくしたあと、叩いて棒状にし、笹の葉や竹の皮を巻いたもの。農山村では明治期になるまで使われ、重宝されていたといいます。

やがて、松脂蝋燭のほか、**漆やウルシ科のハゼノキを原料(木蝋)とする、高価な「和蝋燭」がつくられます**。江戸時代に入ると生産量は増えましたが**貴重で高価な品物**に変わりなく、とても庶民の日常に供するものではありませんでした。そのため、**庶民が室内での灯りとして使っていたのは、イワシやサンマ、クジラの脂からつくった廉価な魚油**。火皿に藺草(いぐさ)でつくった燈芯を浸して火を点け、灯りとしたわけですが、この**魚油は魚臭くて煤(すす)がたくさん出る**厄介なもの。臭みのない菜種油があったものの、やはり高価で庶民の日用に

●松脂(テレピン油):化学式C_5H_8
●松脂(ロジン):化学式$C_{20}H_{30}O_2$
●漆:化学式$C_{21}H_{34}O_2$
●パラフィン(飽和脂肪酸):化学式$CH_3(CH_2)nCH_3$
※C:炭素 H:水素 O:酸素

図1 蝋燭の燃える仕組み

蝋燭の芯に火を点けるとロウが溶け、溶けた液体は芯を伝って上がっていくが、そのときに熱せられて気体になる。その気体が酸素と結びついて光と熱を出す。

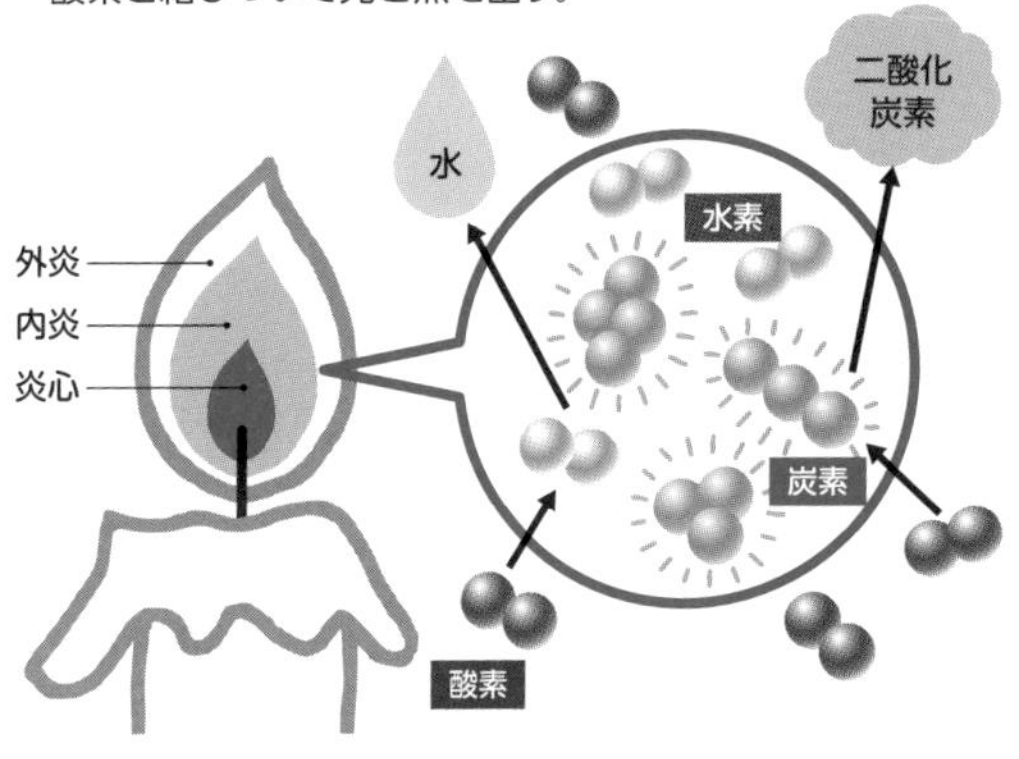

資料：Gakkenキッズネット
https://kids.gakken.co.jp/kagaku/kagaku110/science0593/

図2 蜜蝋

蜜蝋とはミツバチの腹部にある分泌腺から分泌するロウのこと。固めてブロック状にしたもので、ビーズ（ビース）ワックスともいう。蝋燭のほか床ワックス、クレヨン、また保湿性があるためリップクリームやハンドクリームにも利用される。

資料：秋田屋HP
https://akipure.com/knowledge_beeswax/1608

は向かなかったのです。

では、現在の蝋燭はどんな原料を使っているのでしょう。18世紀半ばの産業革命以降、石油化学工業の発展とともに、蝋燭は**石油パラフィン**からつくられています。**パラフィンは、炭素と水素からできた化合物**です。**パラフィン蝋燭は、60℃くらいで液化したあとに気化し、酸素と反応して燃焼**します。そのときに淡い光を発するわけです。発熱によってロウは溶解して燃え尽きます。灯りの強さは燃えやすい芯の長さを調整して変化させるのです。

蝋燭は緊急時の必需品ですが、**洋蝋燭のキャンドルアロマはリラックス効果があると証明されている**そうです。使い方によっては、とてもリッチな夜の友になるかもしれませんね。

12 形態安定シャツはどうしてシワにならないのだろう？

独身男性や主婦にとって「形態安定加工シャツ」の登場は、大袈裟にいえば福音でした。それまでのワイシャツは、洗濯によって縮んだりシワになったりしたからです。

ワイシャツの生地でもっとも使われていたのは綿（コットン）。吸湿性や通気性があり、天然素材なので肌にもよさそうなど、人気ナンバー1の素材でした。惜しむらくは**シワになりやすく、洗濯をすると縮む**こと（**図1**）。それが、いまでは綿100％の形態安定加工シャツ（**図2**）が販売されているほど進化しました。

では、どうして綿のワイシャツは洗濯で縮むのか。**水分を吸収することで膨張し、乾燥によって収縮する**からです。繊維自体が縮むのではなく、網目が詰まるために縮んだようになる。そこで登場したのが形態安定加工シャツ。1993年（平成4年）ごろから干しておくだけでシワが伸び、アイロン不要のワイシャツが発売されて人気を博しました。加工には2種類の製法があるようです。

1つは**VP（Vapor Phase）加工。これはシャツの縫製後にホルマリンガスを繊維に浸透させてメチレン結合を強固にし、形態安定する製法**。もう1つは**SSP（Super Soft Peach Phase）加工。液体アンモニアと樹脂で生地を加工・縫製したあと高温で熱処理して形態安定する製法**です。

ただし、形態安定加工シャツであっても、アイロン掛けには注意が必要。**ワイシャツは本生地以外に、衿・袖口・前合わせをボタンで止める前立てに「芯地」という別素材で仕上げられています**。この芯地の多くは接着樹脂で接着されているため、家庭での熱過ぎるアイロン掛けやクリーニング店のプレス機で熱処理されると接着樹脂が軟

●綿（セルロース）：化学式（$C_6H_{10}O_5$）n
●ホルマリン：化学式CH_2O
●アンモニア：化学式NH_3
※C：炭素　H：水素　O：酸素　N：窒素

本文＆図参考：東京都クリーニング生活衛生同業組合　https://www.tokyo929.or.jp/column/cloth/post_61.php
日本化学繊維協会　https://www.jcfa.gr.jp/about_kasen/katsuyaku/09.html
TEIJIN　https://www.solotex.net/column/waishatsu-chizimu/

化し、冷めると収縮、つまり縮みやすい（縮まないよう工夫の店もあり）。なので、形態安定加工シャツ（ノーアイロンシャツ）は家庭で洗ってから干しっぱなしでいいのですが、パリッと仕上げたいときには、やはりアイロン掛けが必要です。また、洗濯後の**ワイシャツのシワの強弱はW&W（Wash & Wear）で示す**そうなので、商品ページにその表記があれば目安として参考にするのが望ましいようです。

近ごろでは吸湿発熱下着やクールシャツとかいう肌着が出ているらしいの。吸湿発熱下着は吸湿発熱繊維で体からの水蒸気を熱に変えるというし、クールシャツは汗を素早く吸い取って、疎水性のポリエステル生地が水分を拡散して蒸発させる。だから冷たく感じるそうだ。
そのほかにもストレッチ効果のあるポリウレタン弾性繊維もできているらしい。伸縮性に富んだ繊維で伸び縮みするというから、体を動かすには最適だのう。いやはや、繊維の世界は奥深いわい。

W&Wの基準

5.0級	シワなし
4.0級	シワ約90%カット
3.2級	シワ約50%カット。形態安定を名乗れる
2.0級	軽くアイロン掛け必要
1.0級	綿100%シャツの洗濯後シワ状況

図1 繊維が洗濯でシワになる状態

洗濯前の繊維の状態

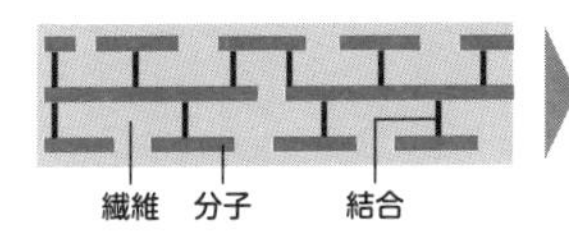

洗濯で繊維が膨張し分子が分離

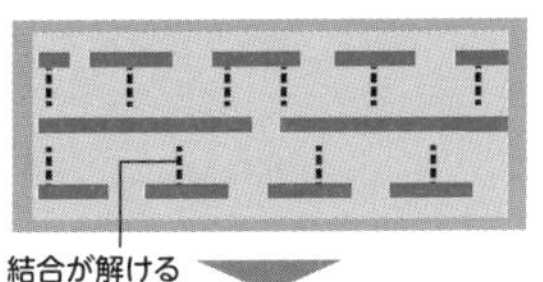

繊維が膨張したまま変形

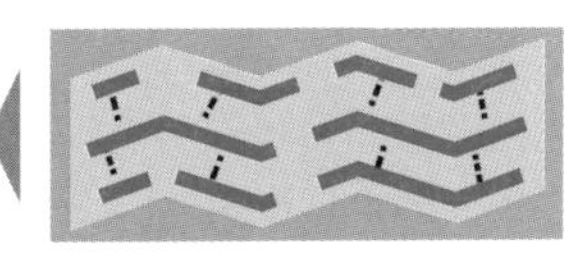

変形したまま繊維が乾くと分子はそのまま固定

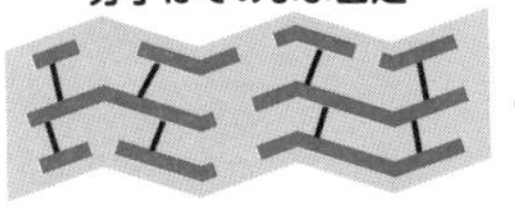

図2 繊維がシワにならない状態

洗濯前の繊維の状態

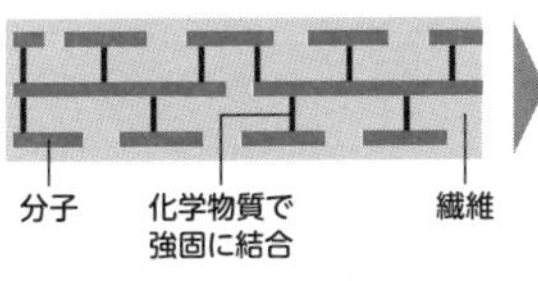

洗濯しても分子は分離しない

繊維が変形しても分子は分離しない

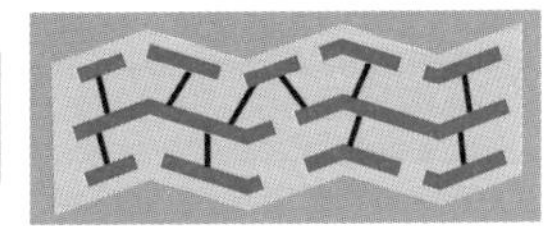

繊維が乾くと元の状態に戻る

13 白熱電球はどうして光を出せるのだろう？

「白熱電球」といえば**トーマス・エジソン**（1847〜1931年）、誰もが知っていますね。**「フィラメントに電気を流すと電子が高速に動く。そのために摩擦（電気抵抗）が起こって熱と白い光を出す」**。これがエジソンの開発した電球の光る仕組みでしたが、ただ、このフィラメントの素材選びが難儀でした。

1879年、エジソンは木綿糸に煤とタールを塗って炭化させた炭素フィラメントを使い、発光に成功します。ところが、木綿糸は45時間で燃え尽きた。そこで、長時間点灯のためにさまざまな素材を試し、最後に選んだのが京都の石清水八幡宮に生えていた真竹。**真竹フィラメントは1200時間光り続け**ました。エジソンの白熱電球は大ヒット。ただし、**1908年になると、新しいフィラメント素材として熱に強い金属タングステンが開発**されます。タングステンフィラメントは、いまも白熱電球を光らせ続けるすぐれものです。

さて、いまでも家庭の電気として活躍している白熱電球（**図1**）ですが、**欠点は寿命の短さとエネルギー効率の悪さ**。だいたい1000〜2000時間でフィラメントが切れてしまう。**エネルギーの灯りへの換算も数%で、大部分が熱になって散逸する**のです。

次の灯りとなった蛍光灯（**図2**）は、1926年にドイツの**エトムント・ゲルマー**による発明。**ガス管の中の放電で生じる紫外線を蛍光体に当て、可視光線に変換して発光**します。発熱が少ないのが最大の特徴で、寿命は6000〜1万2000時間。蛍光灯の発売は1937年。1940年代には日本でも販売されましたが、一

本文参考：光が世界を明るくした　https://global.canon/ja/technology/kids/pdf/m_01_07.pdf
立命館大学　https://www.ritsumei.ac.jp/~hyodot/semihomepage/koduchi.take=yama1.html
政府広報オンライン　https://www.gov-online.go.jp/eng/publicity/book/hlj/html/202208/202208_08_jp.html

般家庭に普及したのは1970年代です。

LED（**図3**）は1962年、アメリカの**ニック・ホロニアック**によって発光ダイオードが発明され、その後に進化した灯りです。なぜ発光するのかは、図3を参照してください。寿命は4万〜5万時間といわれます。

さて、生活空間がデザイン化されつつある時代、どの光源を使うか。もしかするとセンスが試されるのかもしれませんね。

事実がすり替わったのが、白熱電球＝エジソンという話だの。最初に白熱電球を発明したのは、イギリスの物理＆化学者のジョゼフ・スワン（1928〜1914年）だ。彼は1878年に白熱電球を発明したが、フィラメントの実用的開発までいかなかった。そこに登場したのがエジソンよ。ただし、エジソンはせこい男ではなかったの。1881年に初の商業的電球の生産会社「スワン電灯会社」を設立し、1883年には「エジソン＆スワン連合電灯会社」を創設しておる。スワンに敬意を表したのだろうよ。

図1　白熱電球が光る仕組み

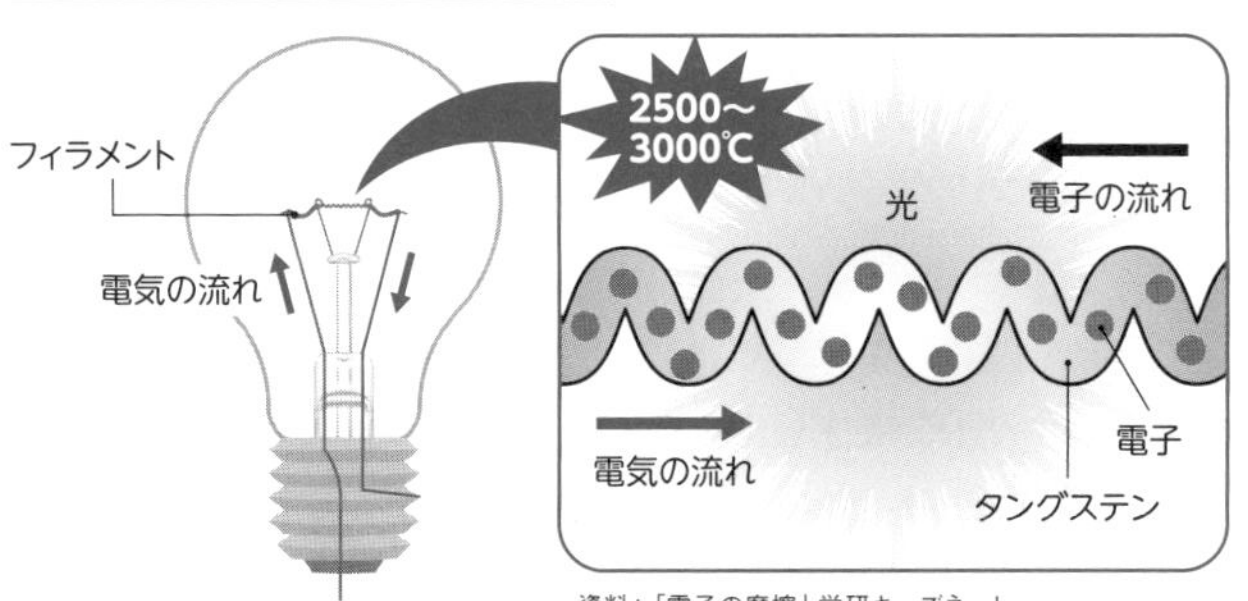

資料：「電子の摩擦」学研キッズネット

図2　蛍光灯が光る仕組み

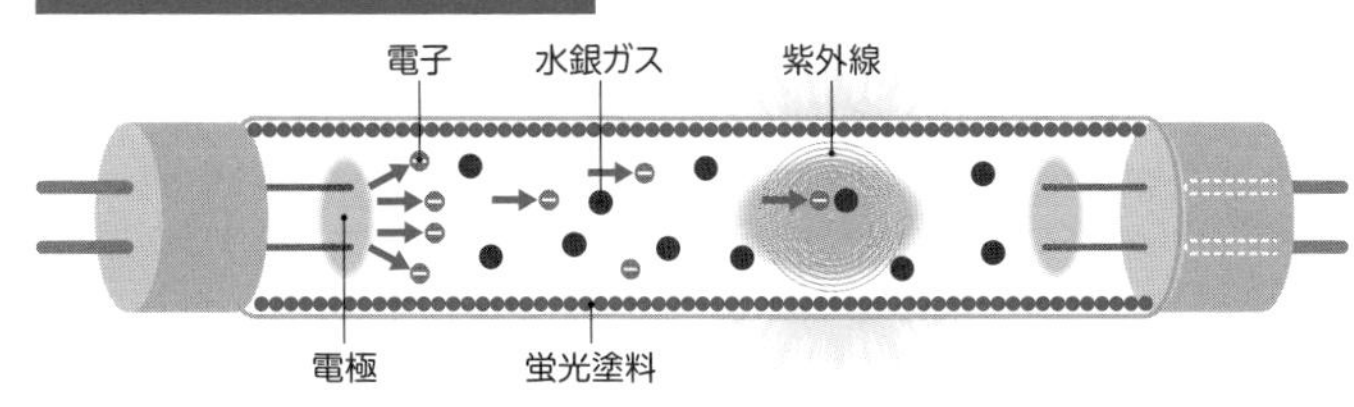

資料：「蛍光灯図解」中部電力電気こどもシリーズ

図3　LEDが光る仕組み

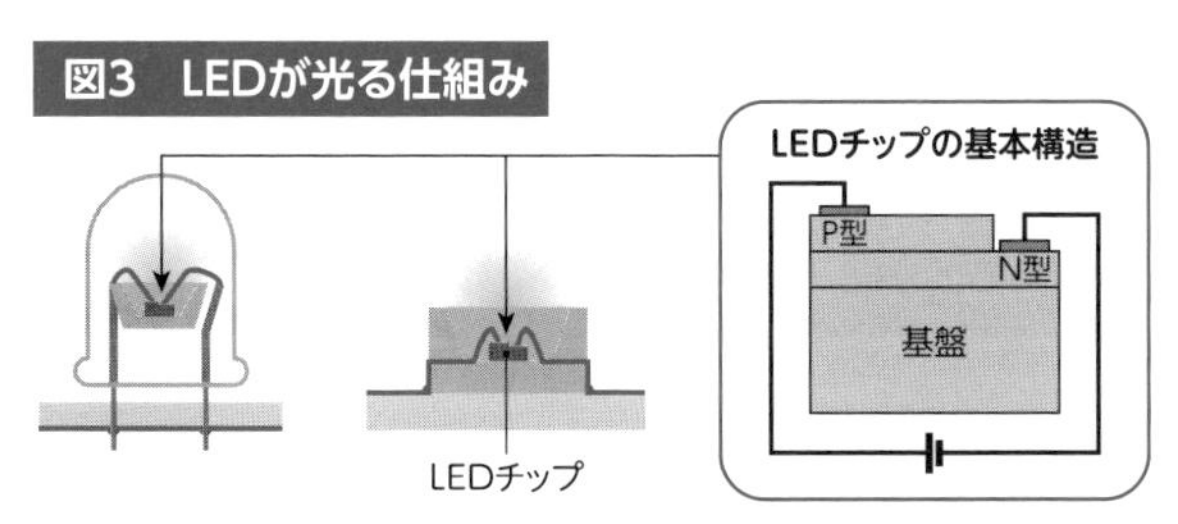

LEDチップは電子の不足した正孔の多い半導体（P型）と電子の多い半導体（N型）が結合した「PN接合」構造。P側のプラス電極をN側のマイナス電極に電流を流すと、ホールに電子が入って結合する。そのときに生じた余分なエネルギーが光に変換されて放射される。

資料：Panasonicウエブサイト https://www2.panasonic.biz/jp/lighting/led/basics/principle.html
望月修著『眠れなくなるほど面白い　図解premium すごい物理の話』（日本文芸社刊）

COLUMN❷

シャープペンシルは誰が発明したのか？

誰でも使っているシャープペンシル、でも、その発明はいつだったのか。確認されているものでは、1791年に沈没したHMSパンドラ（イギリス海軍フリゲート）からそれらしきものが見つかったといいますが、はっきりしているのは1822年のイギリスです。ジョン・アイザック・ホーキンスとサンプソン・モーダンが繰り出し式シャープペンシルを発明し、特許を出願したのです。繰り出し式はペンの後端部分を回して鉛筆の芯を出す方式でした。

実用筆記具として世間に広まったのは、アメリカのチャールズ・キーランが、1833年に書いても尖ったままの「エヴァーシャープ」を発売してからです。アメリカではメカニカルペンシル（mechanical pencil）といいます。

日本製のシャープペンシルは、早川徳次（シャープ創業者）が、1915年（大正4年）に考案した「早川式繰出鉛筆」からで、「エバー・レディー・シャープペンシル」の商品名でヒットさせました。当時の芯の太さは1.15㎜（現在は0.5㎜）でした。日本で爆発的に広まったのは、1960年（昭和35年）に「ノック式シャープペンシル」が発売されてからです。

現在ではシャープペンシルも進化し、用途別の種類も発売されています。書く時間が長くても疲れない勉強用、イラスト用、製図用、一般的な筆記と製図用を合わせた複合式などです。シャーペンも自分流で選ぶ時代なのかも。

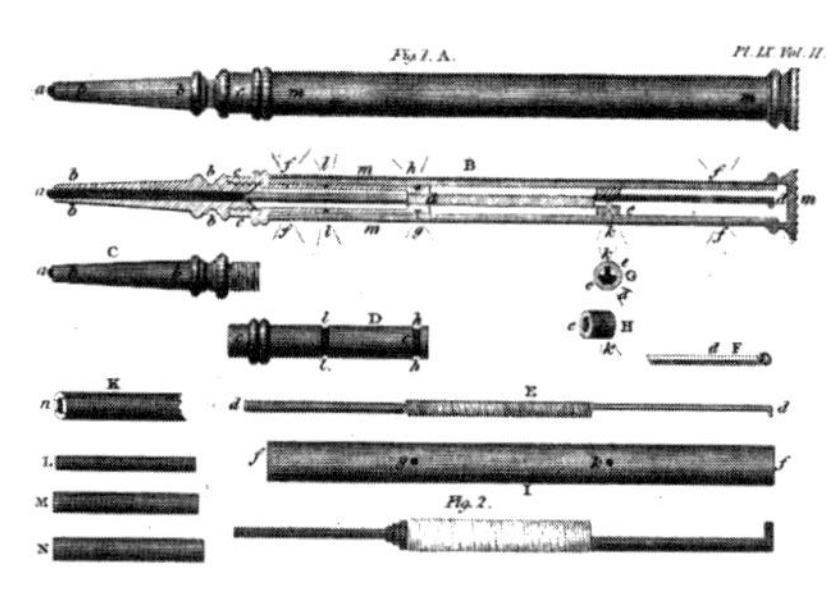

サンプソン・モーダンのシャープペンシル（1822年）

PART3

人、化学で食する

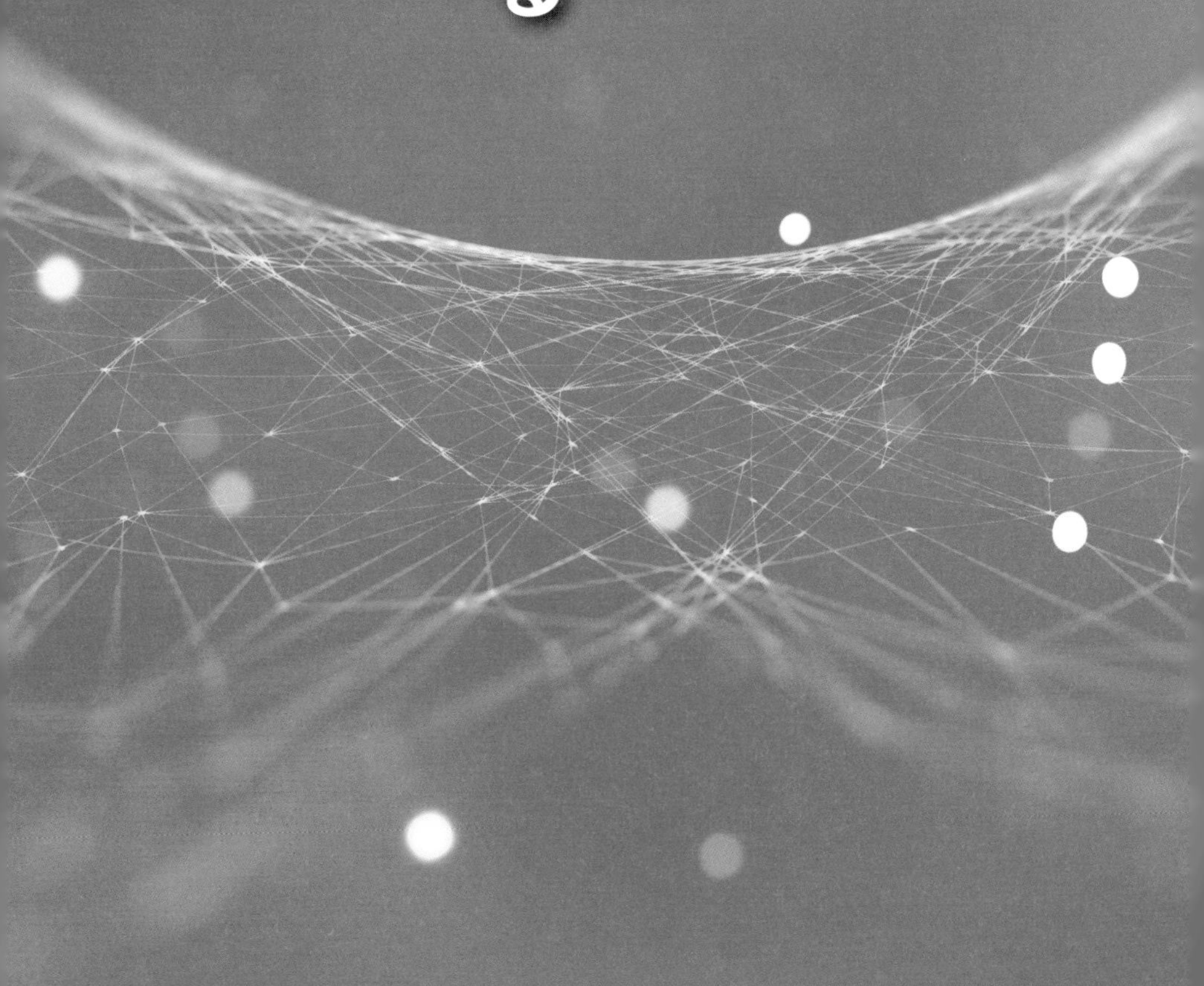

01 うま味はどうして食べ物をおいしくするのだろう?

「うま味」と「旨味」に意味の違いがあることをご存知でしたか。日本うま味調味料協会によると、**うま味とは、甘味・酸味・塩味・苦味と同じ基本の5味の1つ**、旨味は文字通り旨さを表す文字。使い分けているのですね。その**うま味物質にはアミノ酸一族の「グルタミン酸」、核酸に分類される「イノシン酸」「グアニル酸」**などがあります**(図1)**。

グルタミン酸は、昆布に代表される海藻やトマト、ブロッコリーなどの野菜、醤油・味噌などの発酵調味料にも含まれています。料理での化学反応の面白さは、うま味成分を組み合わせると旨味が相乗的に強くなることでしょうか。

うま味成分を認識するのは、「舌」に存在する「味細胞(味蕾(みらい))」です。味物質が味細胞と反応していろんな味を感知します。基本の5味は、味細胞の表面で反応し、種々の刺激を脳に送っています。**甘味はエネルギー源、塩味はミネラルバランス、うま味はタンパク質の消化を促すシグナル**、という具合にです。

食べ物がおいしく感じるのは、**うま味の刺激が、ほかの成分の刺激を引き立たせる**から、と考えられています。たとえば、日本料理でのダシの取り方は、昆布(グルタミン酸)や鰹節(イノシン酸)・煮干し(イノシン酸)・干し椎茸(グアニル酸)、西洋・中華料理では、野菜(グルタミン酸)や鶏ガラ・豚骨・牛骨(イノシン酸)でブイヨン(ダシ)をつくります。**異なるダシ(物質)で相乗効果を生じさせる**、というわけです。

「ダシをとる」という考え方は日本独特のものですが、大きく分けて関西と関東では、ダシの文化が異なっています。昆布の流通経路、水の硬度の

- ●グルタミン酸:化学式$C_5H_9NO_4$
- ●イノシン酸:化学式$C_{10}H_{13}N_4O_8P$
- ●グアニル酸:化学式$C_{10}H_{14}N_5O_8P$

※C:炭素　H:水素　N:窒素　O:酸素　P:リン

問題があったからです。

江戸時代、昆布産地の蝦夷（えぞ）（北海道）から酒田、敦賀、京都、大坂（当時の表記）、そして江戸へと「昆布ロード」**（図2）**が確立されます。水質は**関西が軟水のため昆布ダシが主流**となり、良質の昆布が消費された。**関東は硬水だったので濃いダシが好まれ、鰹節が主流**になった。ですが、鰹節は高価なので、通常は安価に大量に採れた煮干しダシが使われたようです。

ともあれ、21世紀「UMAMI」は世界的に認知され、世界中の料理人が隠し味で利用するようになりました。誇らしい一事といえますね。

わしが世を去ってからいろんな化学物質が発見されているのう。1907年に日本の池田菊苗博士が「うま味」とかいう物質を明らかにした。昆布からグルタミン酸ナトリウムを抽出したのは驚きだった。「日本の10大発明」の1つだというぞ。最近ではうま味が胃に入ると消化促進効果があるとの生理学的学説が取り沙汰されているというがの。

図1 各種の食品に含まれるうま味成分量

グルタミン酸

昆布	チーズ	白菜	トマト	アスパラ	ブロッコリー	玉ねぎ	醤油	味噌
(200〜3400)	(180〜2220)	(40〜100)	(100〜250)	(30〜50)	(30〜60)	(20〜50)	(400〜1700)	(100〜700)

イノシン酸

鶏肉	牛	鰹節	豚肉	鰹
(150〜230)	(80)	(470〜700)	(130〜230)	(130〜270)

グアニル酸

干し椎茸	乾燥ポルチーニ
(150)	(10)

単位：mg/100g（データ：NPO法人 うま味インフォメーションセンター調べ）
資料：https://www.umamikyo.gr.jp/knowledge/ingredient.html

昆布は鎌倉時代後期に蝦夷の松前から運ばれるようになる。江戸時代になると北前船によって下関から瀬戸内海を航行する西廻り航路で大坂へ、ついで江戸へ運ばれた。やがて東廻り航路も開かれて海上航路は殷賑（いんしん）を極め、航路は西国や琉球、清国へも延びていく。この航路を総称して「昆布ロード」という。

図2 昆布ロード

箱館（函館）
松前
18世紀
7〜8世紀
東廻り航路
西廻り航路
14世紀
富山
江戸
小浜
敦賀
17世紀
京都
大坂
下関
長崎
17〜18世紀
清国へ
鹿児島
18世紀
清国へ
琉球

02 魚に塩を振るとどうしておいしくなるのだろう？

刺身で食する以外、焼き魚には必ず塩（塩化ナトリウムが主な成分）が振られていますね。実はこれ、「一石三鳥」のスゴ技なんですね。まず、**おいしくなることが1つ目。細胞内の水分が出て身が引きしまることが2つ目。生臭い成分が水と一緒に出ていくことが3つ目**、となるわけです。

水分が抜けていくのは、**「浸透圧」（図1）**が関係します。浸透圧とは、**半透膜を境にして濃度の薄いほうから濃いほうに水分が移動する圧力現象**です。魚の身と皮の間にも半透膜があり、皮に塩を振ると表面の濃度が濃くなって、身から皮の表面へ水分が抜けていくのです。同時に、低分子の魚の臭いの素も抜け出します。

刺身を食するときに醤油や塩が欠かせないのは、塩味がないと魚介類のエキスの旨味や甘味が弱められるためです。カニを塩茹でにすることも同じ理由です。また、**魚介の腐敗臭は、トリメチルアミン-N-オキシドが分解して生じた「トリメチルアミン」というアルカリ性の成分で、アンモニア臭のある魚臭が発生**します。

ご存知のように、魚の保存法には、干物・塩蔵・燻製・甘露煮・麹漬け**（図2）**などがありますね。いずれも下処理に塩を使うわけですが、これは身の水分活性を低くするためです。魚の処理方法には神経締めや血抜きが欠かせませんが、刺身以外の調理方法では、煮る、焼く、蒸すがふつうでしょう。加熱によってイノシン酸が増え、おいしくなるからです。

海の魚にはいろいろな食べ方がありますが、川魚は刺身が敬遠されて、塩焼きや甘露煮にすることが多い。**淡水魚には顎口虫（がっこうちゅう）や横川吸虫（よこがわきゅうちゅう）などの寄生虫の危険がある**ので刺身に適さないからです。

- ●塩化ナトリウム：化学式$NaCl$
- ●トリメチルアミン-N-オキシド：化学式$(CH_3)_3NO$
- ●トリメチルアミン：化学式$(CH_3)_3N$
- ●イノシン酸：化学式$C_{10}H_{13}N_4O_8P$

※Na：ナトリウム　Cl：塩素　C：炭素　H：水素　N：窒素　O：酸素　P：リン

「鮭はどうなんだ。川魚じゃないか。寿司屋でよく食べるぞ」といわれるかもしれませんが、実際には鮭の刺身は供されません。**刺身は鮭とは区別されたサーモンで、養殖され安全に管理されている**ため大丈夫なのです。

それにつけても、下処理からはじまり、刺身、焼き、煮付け、蒸しと日本人の魚の料理は、やはり四方海に囲まれた国ならではの知恵なのでしょう。

図1　浸透圧の原理

浸透圧とは濃度の異なる2つの水分が半透膜（水は通すが、水溶した砂糖などの分子は通さない）を境に隣り合っているとき、濃度を一定に保とうとして薄い濃度の水分が濃い濃度のほうへ移動する圧力現象。

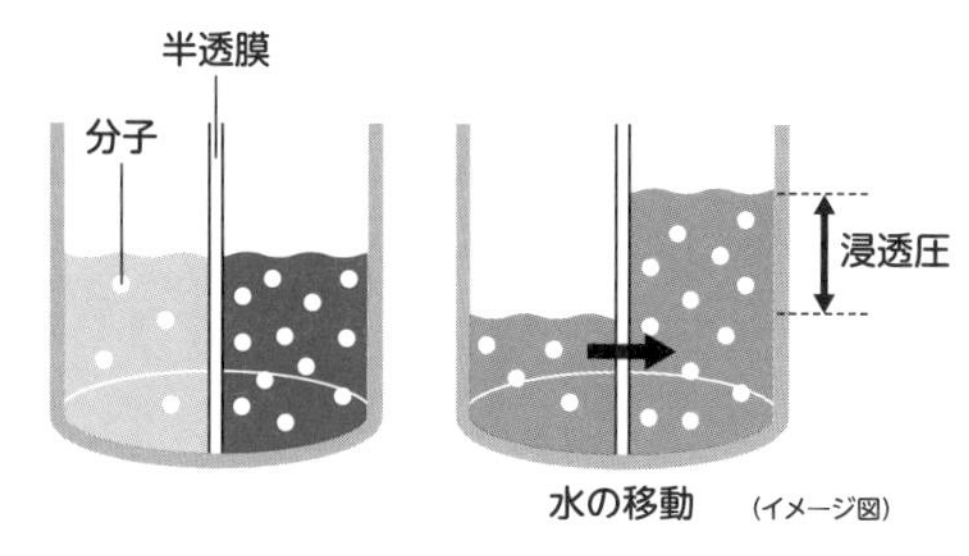

図2　魚介保存法の一例

ししゃも甘露煮

資料：釧路市水産業対策協議会
https://www.suisan-kushiro.jp/shisyamo-05/

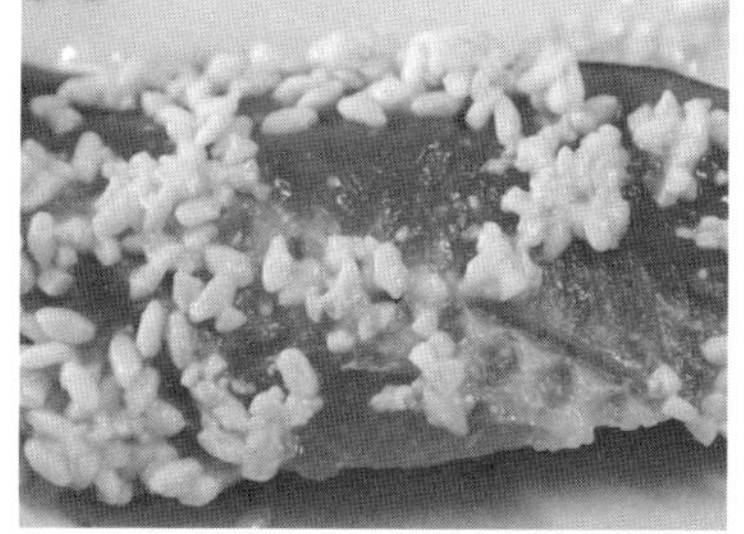

鮭の麹漬け

資料：日本の食べ物用語辞典
https://japan-word.com/koujizuke

鮎の燻製

資料：全国鮎養殖漁業組合連合会
http://www.zen-ayu.jp/recipe/recipe-1331/

魚がいちばん旨くなる時期が「旬」だ。産卵前の栄養を蓄えた時期だが、脂が乗り脂肪含有量が多くなって、味が引き立てられる。だが、我が日本では「走りの旬」「旨さの旬」「大量の旬」「名残の旬」と旬を1つに定めない。旬といえば美味がイメージできるからのう。それもうまさを感じさせる知恵だろうよ。

03 食べ物はどうしておいしい匂いがするのだろう？

食べ物の匂いは食欲をそそりますね。でも、それは男女による違い、年齢による違い、育った環境による違い、などなど、そそられる匂いにはずいぶん差異があるようです。

たとえば、焼き肉の匂いならどうでしょう。油煙で、肉由来の脂が水蒸気とともに霧状に拡散します。**焼き肉の匂いは拡散した霧状の脂にアミノ酸と還元糖が相互作用して起こる「アミノカルボニル反応」という刺激臭**です。ですが、食事のあとにきれいに洗っておかないと、翌日にはあちこちに飛び散っている脂などが酸化して異臭になります。これは嫌な臭いですね。

インドカレーの匂いは香辛料の香りが主です。コリアンダーやシナモン、ナツメグ、カルダモンに、クミン、スターアニス、オレガノなどのほか、ピリ辛スパイスとしてコショウ、トウガラシ、ショウガ、マスタードなどを加えたりします。これらのスパイスは、低分子の揮発成分なので加熱することで匂いが発生します。

焼き立てのパンの「香ばしさ」や「いい匂い」は、外皮が加熱されることで発生するアルデヒド類、エタノールなどの匂いです。小麦粉に含まれるデンプン由来の天然フレーバーですね。

ところで、どうやって匂いを感知する（図1）のでしょう。**鼻の中にある嗅上皮（図2）という粘膜の嗅神経細胞が匂いを感知し、受容体と結合することで脳に信号を送り、匂いを感じている、**と説明されます。

匂いは記憶に残るそうです。幼児期においしいと感じた匂いは、その匂いによって当時の感情が蘇ったりする。**「プルースト効果」**（フランスのマルセル・プルーストの小説『失われた時を求めて』

本文参考：飯島陽子『香辛料・ハーブとその香り～香気生成メカニズムとその蓄積～』におい・かおり環境学会誌45（2），132-142, 2014.
矢野原泰士「においに着目した食品開発」 生物工学91（10）586 2013.
東原和成『においの科学のウソ・ホント』 https://park.itc.u-tokyo.ac.jp/biological-chemistry/profile/essay/essay31.html

図1　匂(臭)いを感じる種々の要因

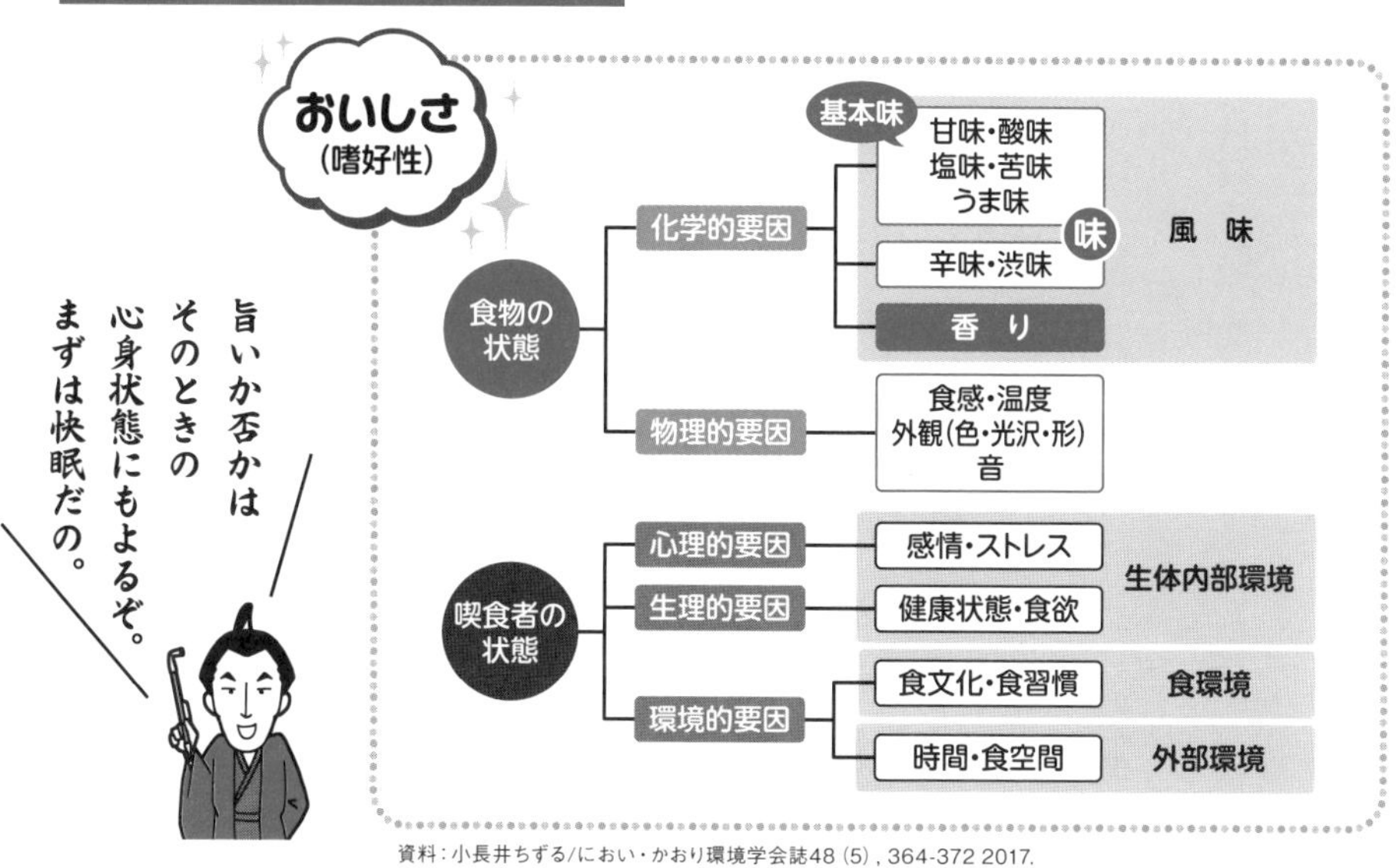

資料：小長井ちずる/におい・かおり環境学会誌48 (5) , 364-372 2017.

図2　匂(臭)いを感じる嗅上皮

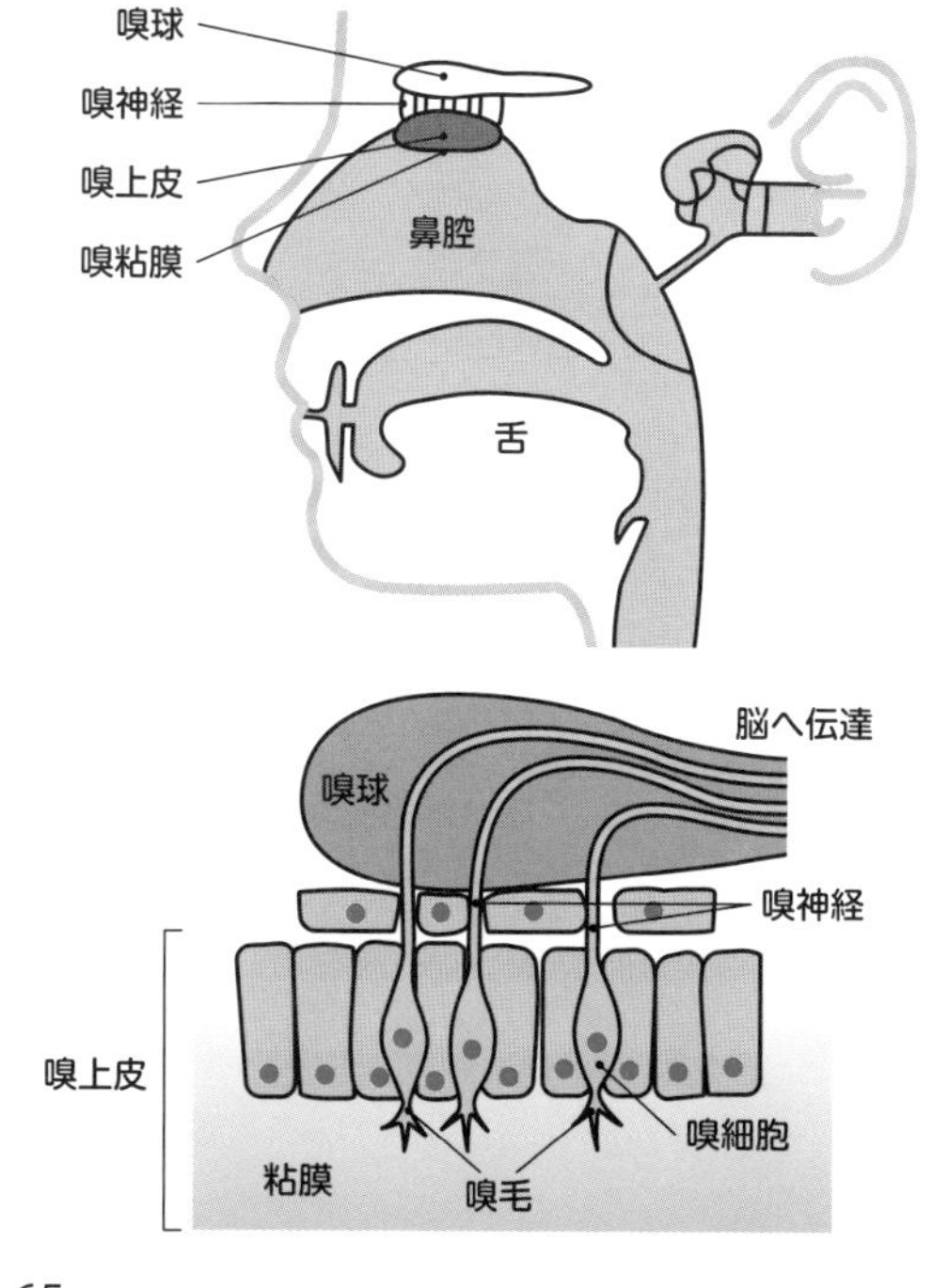

で匂いから過去を思い出す一場面から名付けられた）いうもので、胎児のころから母親を通して記憶に残っているのだそうです。

ともあれ、「匂い」は食欲をそそるためだけではなく、いろいろな思い出を追憶する役割を果たすわけです。「匂いと思い出」……何かミステリー小説の素材になりそう、かも？

04 肉は焼き方と香辛料がどうして味を決めるのだろう？

前項では匂いが食欲をそそる話をしました。ここでは、ではなぜ、肉を焼くとおいしくなるのかについて考えてみましょう。

焼き肉の匂いの成分を詳しく説明すると、**焼いて発生する匂いは、脂からくるアルデヒド類やアミノ酸由来のピラジン類の香気成分**です。

では、肉を焼くとどうなるのか。肉の筋肉繊維とそれを覆っているコラーゲン組織は、加熱によって収縮します。なので、下処理や肉の熟成度合、焼き具合はおいしさの決め手になり、その食感は旨さに大きく影響します（**図1**）。具体的にいうと、**焼くとタンパク質が分解してできるアミノ酸やペプチド、加えて筋肉繊維・コラーゲン線維なども分解され、肉汁（にくじゅう）として肉の旨さが凝集**されます。この肉汁をいかに肉中に留めておくかが、調理人の腕？というわけです。まぁ、ナイフ入刀時に、ジュワーっと肉汁が滲み出るくらいがおいしい、とされています。

肉の味と保存には、スパイスやハーブなどの香辛料が大きく影響します。肉の保存と香辛料は切っても切れない関係で、12世紀ころの欧州では牧草が枯れて餌（えさ）がなくなる前に家畜の肉を塩蔵して保存しました。ですが、塩蔵して保存した肉は独特の臭いを発生します。そのため、コショウなどの香辛料が臭いを消すうえ、抗菌効果もあることで重宝されたのです。

歴史的にコショウの産地はインドでした。コショウは中世の欧州で珍重されましたが、入手が困難だったため、コショウと金は同価値だったという話さえあります。当時、コショウの利権がアラブ商人に独占されていました。その状況を打破すべくポルトガルのヴァスコ・ダ・ガマがインド

●アミノ酸：化学式R-CH (NH_2) COOH　●ピラジン：化学式$C_4H_4N_2$
●アセトアルデヒド：化学式CH_3CHO　●ピペリン：化学式$C_{17}H_{19}NO_3$
※R-CH：炭化水素基　N：窒素　H：水素　COOH：カルボキシ基　C：炭素　O：酸素

本文参考：『食肉の栄養知識』 http://kumamoto.lin.gr.jp/shokuniku/eiyochisiki/index.html
中谷延二「香辛料の機能性成分」 生活科学研究誌.1巻, p.1-10 2002-12.

図1 食肉のおいしさの構成要素

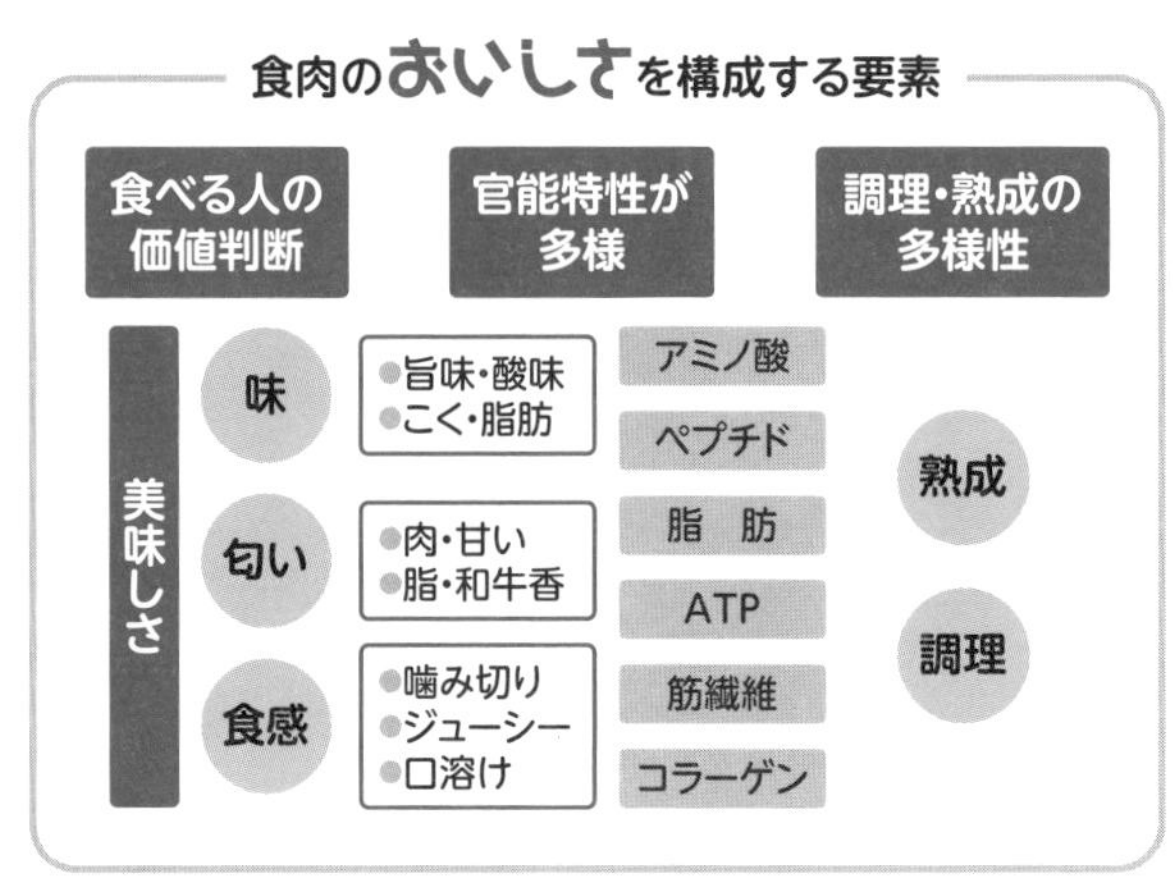

資料：肉写真/https://ichi-up.net/2021/42
構成要素図/佐々木啓介『食肉のおいしさ』 https://katosei.jsbba.or.jp/view_html.php?aid=1176

航路を発見するのです。これが大航海時代のはじまりとなった。

コショウが求められた理由の1つに、その刺激性がありました。**コショウの辛み成分は脂に溶けやすいピペリンです。ピペリンは交感神経を刺激し、血行を促進することで食欲を増し**ます。肉を焼く前に、塩とコショウを振ることで脱水と臭いを消し、焼くことで発生する香気成分が胃を刺激する。旨さには、匂いと食感がパートナーになる必要があるのです。

肉といっても、ここでは牛肉のことだ。2016年の1人当たり牛肉を食べる世界ランキングは、ANAの調べによると1位ウルグアイ（46.4kg）、2位アルゼンチン（40.4kg）、3位パラグアイ（25.6kg）、4位アメリカ（24.7kg）、5位ブラジル（24.2kg）で、我が日本は22位だ。ステーキ枚数で数えると、ウルグアイ人232枚、アルゼンチン人202枚、パラグアイ人128枚、アメリカ人124枚、ブラジル人121枚、日本人は33枚だというぞ。それにしても、ウルグアイ人は1年365日のうち232日は牛肉を食べているのか、驚きだわい。まぁ、わしは土用丑の日に鰻を食べるよう引札（宣伝）の張り紙を店先に張り出させたがのう。

05 バターとチーズでは何がどう違うのだろう?

バターとチーズ、おなじみの乳製品です。でも、同じように牛乳からつくられるのに、製造法がどう違うのかを考えたことがないかもしれません。簡単にいうと、牛乳の中の脂肪からつくられるのがバター、タンパク質と油脂からつくられるのがチーズとなります。

牛乳成分(図1・図2)は水分と乳固形分に分けられ、乳固形分は乳脂肪分以外のタンパク質、乳糖、ミネラル、ビタミンに分離されます。

バターは純粋に乳脂肪からできたものですが、**食塩添加の「有塩(加塩)バター」と食塩無添加の「食塩不使用バター」**※がつくられます。また、欧州でよくつくられる**乳酸菌で発酵**させた**「発酵バター」**もあります。発酵バターは生乳を一生懸命振って、乳脂肪を凝集させてつくる方法です。1人でも割と簡単につくれます。種類別クリーム(乳製品)と表示されている生クリームをペットボトルに入れ、ひたすら振ればいいのです。一汗かく製造法ですね。

チーズは生乳を固めて水分を抜き、発酵・熟成してつくります。これがナチュラルチーズで、ナチュラルチーズを加工したものがプロセスチーズです。

アラブに「アラビア商人が砂漠を横断するとき羊の胃袋でつくった水筒に乳を入れ、ラクダの背にくくりつけて旅をした。水筒の乳で喉を潤(うるお)そうとしたところ、黄色っぽい水と白い塊(かたまり)(チーズ)ができていた」という面白い逸話があります。「チーズの言い伝え」として語り継がれてきた話ですが、これがチーズ発見の物語。羊の胃袋の酵素が働いて乳が固まり、ラクダが動くことで離水したのでしょう。このつくり方が世界に広まった

※食塩不使用バター:以前は無塩バターと表示されていたが、無塩で製造したバターでも牛乳由来の塩分が微量に含まれる。そのため厚生労働省の栄養表示基準で食品には正確な表示が求められたことにより、「無塩」表示は禁止され、「食塩不使用バター」と表示されるようになった。

本文資料:Cheese Club https://www.meg-snow.com/cheeseclub/knowledge/history/world/index.html

図1 牛乳の成分

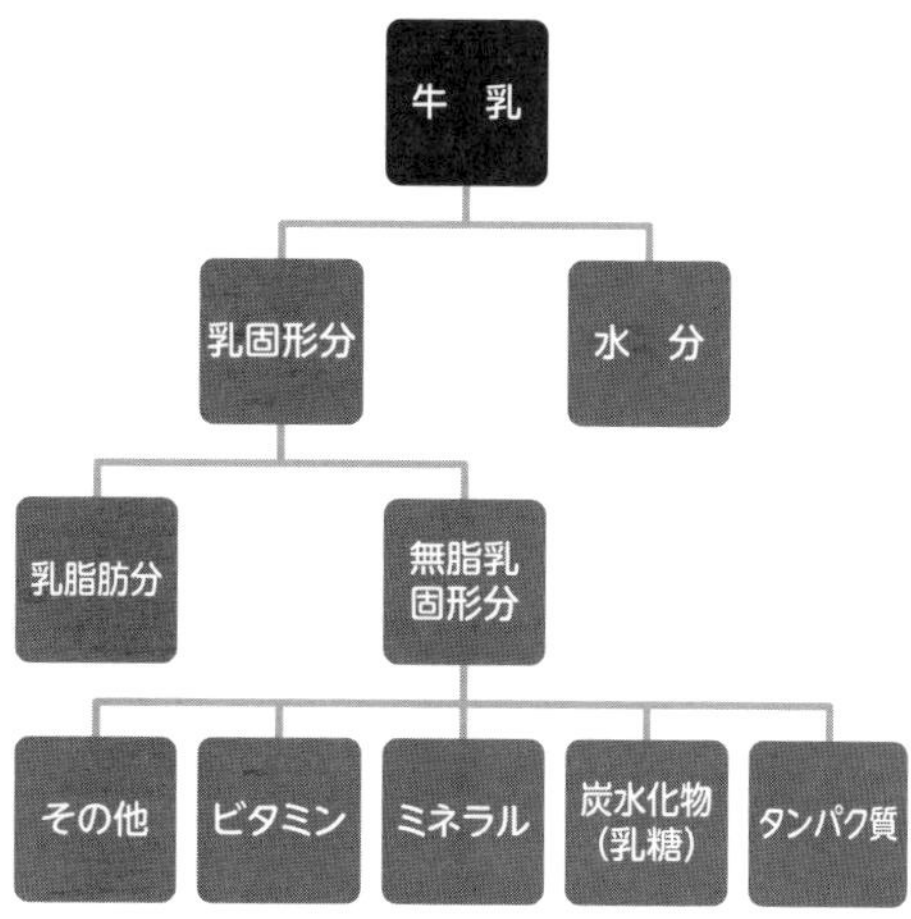

図1・図2資料：全国飲用牛乳公正取引協議
https://www.jmftc.org/milk/seibun.html

図2 牛乳100ml中の栄養成分

日本食品標準成分表2015年度版（七訂）

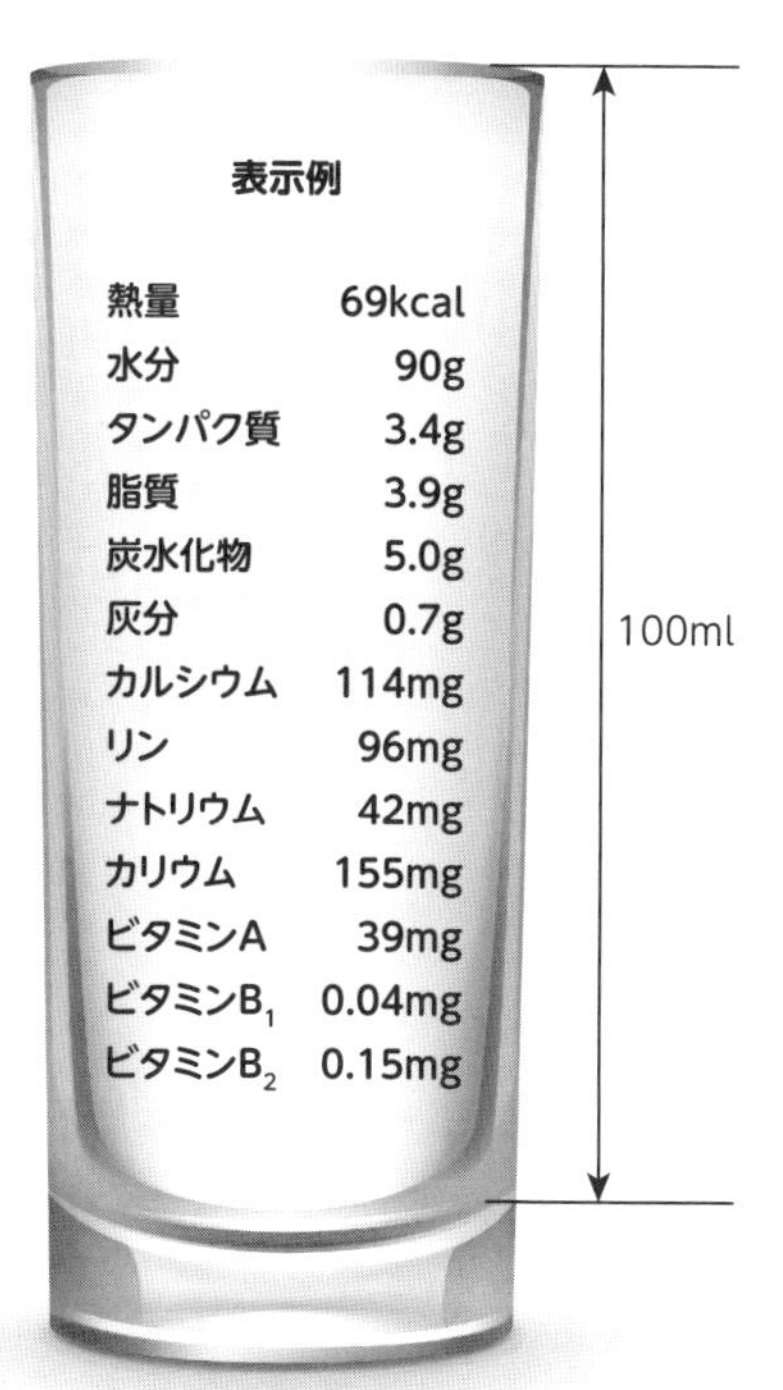

といわれています。

工業的なチーズ生産がはじまったのは、19世紀後半のイギリスやアメリカです。低温殺菌、凝乳酵素レンネットの商業化、遠心式クリーム分離機の発明、乳酸菌の純粋培養、酸度の測定方法の確立などなど。こうして大量生産のプロセスチーズができました。初期のレンネットは子牛の胃袋で調製されていたのですが、現在では微生物がつくり出した酵素が使われています。

我が日本では非発酵のバターがふつうらしいが、欧州ではバターといえば「発酵バター」というの。訳は、原料乳からバターの素となるクリームの分離に時間がかかり過ぎて、そのうちに自然と乳酸発酵してしまったかららしい。もちろん、いまでは製造法も進み、クリームに乳酸菌を添加して発酵させる発酵バターになっているそうだ。チーズは、日本ではプロセスチーズが一般的だが、欧州は違う。フランスのカマンベール・ロックフォール、イタリアのゴルゴンゾーラ・パルミジャーノ・モッツアレラ、スイスのエメンタール、イギリスのチェダー、オランダのゴーダなど、実に多種多様だというぞ。

06 ご飯は炊くとどうしておいしくなるのだろう？

ご飯を炊く、なんの変哲もない日常の風景ですね。ですが、ご飯を炊くとどうしてコメがおいしくなるのか、考えたことなどないかもしれない。**コメの主成分はデンプン**です。**デンプンは、グルコースが真っ直ぐに結合しているアミロースと、枝分かれしながらつながっているアミロペクチン**からできています。

洗米するとデンプンの間に水が入り込み、炊くと加熱によってグルコースの間に水分が浸透して糊化（こか）が起こります。炊き上がったご飯を口に入れると唾液と混ざり合い、唾液の中の**アミラーゼという糖を分解する消化酵素**が働きます。**グルコースはブドウ糖**とも呼ばれ、噛めば噛むほど甘くなるという単糖類ですね（**図1**）。

日本人が好んで食しているコメは、モチモチ感のあるアミロペクチンが多いうるち米です。最近、新しく登録されたブランド米は、ネーミングが面白い。大粒でコクと甘味の新潟・新之助、粘りと硬さで新食感の山形・雪若丸、もちもち食感と甘味の宮城・だて正夢、香りと旨味・甘味が特徴の富山・富富富（ふふふ）などですね。ひと昔前までは、コシヒカリやササニシキという名前しか聞いたことがなかったのに、新品種の開発が活発です。温暖化を見越して新しい品種を工夫し、病気になりにくい稲を育てたわけです。

ところで、**寿司用のコメは、モチモチ米は使われない**そうです。「口の中に入れたとたんに解けるようにパッと広がる」のが理想だとか。**ネタの味わいを壊さず、寿司酢の吸収にすぐれた「シャリ」が重要**だといいます。寿司米としては、昔から宮城のササニシキが代表選手。あえて古米を混ぜて使う寿司屋もありますが、新米だと水分が多

●デンプン：化学式（$C_6H_{10}O_5$）n
●グルコース：化学式$C_6H_{12}O_6$
※C：炭素　H：水素　O：酸素

本文参考：健康調理ラボ　https://www.osakagas.co.jp/company/efforts/rd/labo/images/labo8.pdf

くなり過ぎるけれど、古米のブレンドは酢をきれいに吸収するからということのようです。

うるち米には日本酒の原料となる酒米もあります。主に麹米として用いられますが、正式には**「酒造好適米」「醸造用玄米」**と呼ぶそうです。代表的な酒米は、**「山田錦」「雄町（おまち）」「五百万石」「美山錦」「八反錦」**などです。**酒米は食用米よりも粒が大きく、低タンパク・低脂質。**タンパク質や脂質は雑味の原因となるので酒米が日本酒造りには適しているといいます。ことに山田錦が最適とのこと。また、**酒米の中心には「心白」があって、この部分に麹を付着させて発酵させる**のですね。日本酒好きの方であれば、異なる酒米で飲み比べるのも一興かもしれませんよ。

> **弥生時代後期におにぎりの化石らしいものが発掘されたが、文献では平安時代が初出だ。宴席で庭に控える下級の者に賜る酒食の置き台「頓食（とんじき）」の強飯（こわめし）を卵型に握ったものだの。戦国時代には武士の「兵糧食」になる。海苔を巻いたのは江戸元禄期で、浅草海苔の出現からというぞ。**

図1 炊飯時に起こるコメの化学変化

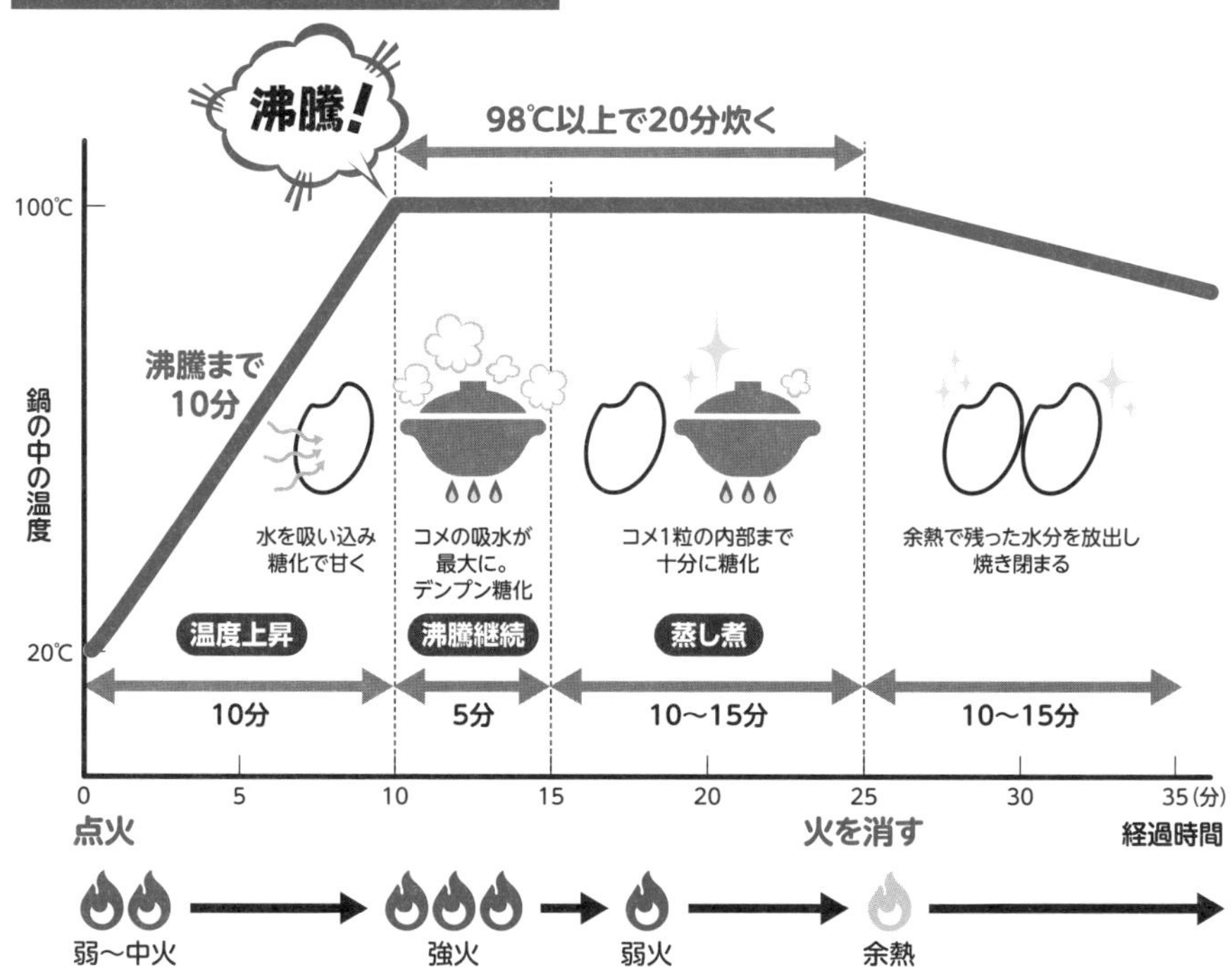

資料：https://athleterecipe.com/column/20/articles/202001270000689?page=2

07 うるち米は炊くのに餅米はどうして蒸すのだろう？

フト疑問に思ったことがありませんか。ご飯のうるち米は炊くのに、餅米は蒸すことに。

その答えは、**餅米のデンプンのグルコースが枝分かれしたアミノペクチンでできているためです。それも100％です（図1）**。なので、水を加えて炊くと柔らかくなり過ぎるのでうまく炊けないのです。

日本の都市部の家庭から杵と臼で餅をつく風景**（図2）**が見られなくなって久しいようですが、入れ替わるように餅つき機**（図3）**が登場しました。仕組みは、餅米を蒸したあとに蓋を開け、蒸された餅米を転がすことで餅にします。

餅つき機の初お目見えは、1971年（昭和46年）です。東芝の餅つき機「もちっこ」ですね。

立て羽根式の餅つき機は、**釜の底面に独特な羽根を取り付け、回転羽根の間で蒸された餅米が練られていくことで餅に変化**していきます。しかも、この餅つき機がホームベーカリーへと発展していくわけです。それにしても、お釜の底に取り付けられた羽根が独特な形をしていること、餅がくっ付かないテフロン加工のすごさ、しだいに餅米が餅になっていく独特な動きに、つい見とれてしまいます。

ふつう、餅をつくときには、前日から餅米を水に浸して吸水させておきます。そうしてから**蒸気で蒸すと餅米の表面が糊化し、水分が内部へ侵入するのを妨げます**。吸水が不十分だと糊化がうまくいきません。また、冷めないうちにつき上げないと餅米のデンプンが老化を進めて水分の流動性が失われます。その状態で餅をつくと、デンプンの組織が均一化せずに芯のある餅になってしまうのです。

●デンプン：化学式 $(C_6H_{10}O_5)$ n
●グルコース：化学式$C_6H_{12}O_6$
●テフロン加工：化学式 (C_2F_4) n
※C：炭素　H：水素　O：酸素　F：フッ素

本文参考：『餅の話』檜作 進／化学と生物 776-784, 1971
餅つき機　https://mikado-denso.com/m-online/post-344

図1　うるち米と餅米の成分

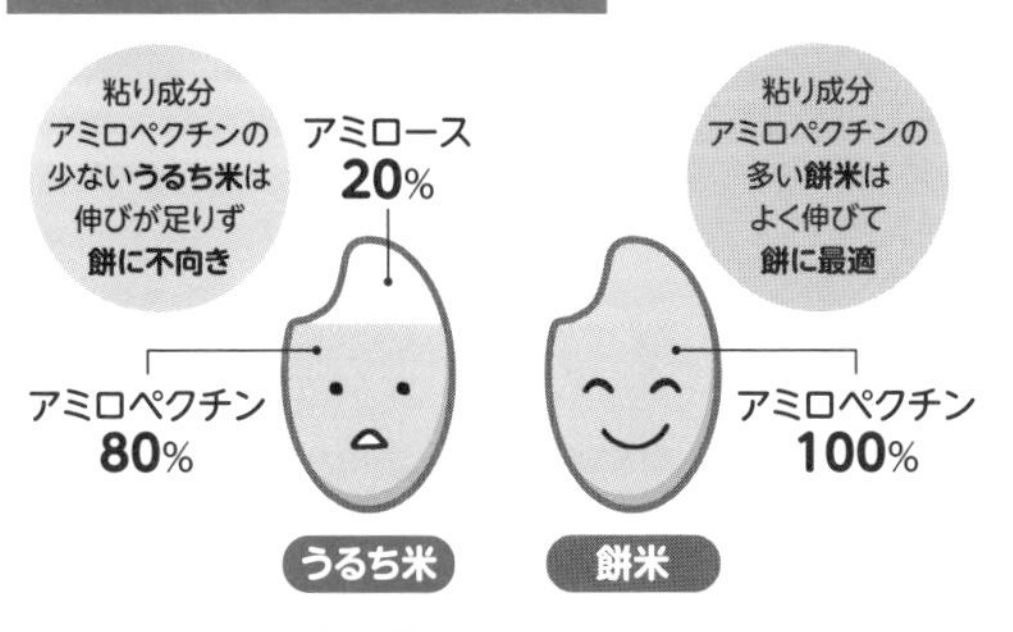

餅食の諸説でもっとも古いのは、縄文時代後期に稲作が東南アジアから伝わったときというぞ。当時の餅は、古代米の赤米からつくったらしい。平安時代には正月の行事に欠かせないものになるが、やがて庶民にも広がっていったのだろう。なにせ餅には命を再生する霊力があるとされたから、節句などのハレの特別な日に神に供えたということだわい。

図3　餅つき機がつくる餅

図2　昔ながらの餅つき

都会ではあまり見かけなくなった餅つき風景。
資料：Photo by (c)　Tomo.Yun　http://www.yunphoto.net

ところで、近年は真空パックに入った「切り餅」が発売されています。最近の切り餅のように**切れ目が入った餅は、電子レンジやオーブンで加熱すると短時間で膨らみます**。餅が膨らむのは、**餅の中の水分が水蒸気になるからで、加えて餅の周りが老化して硬くなっているため、プァっと風船のように膨れる**のです。切れ目が入っていれば、餅の中に熱が伝わりやすくなることを発見し、切れ目の入れ方を工夫したわけです。これを考え付いた開発者は、大したものですね。

08 小麦からどうしてパンができるのだろう？

自宅でパンをつくったことがありますか？　経験された方ならわかるかもしれませんが、パンをつくるときは、パン酵母の気持ちになることが大切ですね。パン酵母が元気に活動しやすい環境を整えること。それに尽きます。

　まず水。**日本の水道水は95％が軟水**です。**軟水はパンづくりには適さないので、カルシウム（Ca）とマグネシウム（Mg）の含有量を増やして水の硬度を上げる**必要があります。また、塩と砂糖が欠かせないし、pH（ペーハー）にも注意しないといけない。舐めて酸味が強いと酸性でpH7以下、苦味を感じればアルカリ性でpH7以上、pHはその尺度になる。**酵母が元気になるのはpH6～7**なので、その値になるよう注意が必要です。

　イーストとは酵母のことで、もちろん**生きている微生物**。パンづくりに適した**酵母菌を純粋培養したものがイースト**です。アルコール発酵に欠かせない酵母ですが、一般にはパン酵母が酵母の代表のように馴染みが深い。パンを自家焼きする人が多いからかもしれません。

　さて、いよいよパンづくりです**（図1）**。小麦粉に水と酵母を入れて捏（こね）たパン生地を温かいところに置いておくと、小麦粉の中のアミラーゼ（酵素）がデンプンを麦芽糖や砂糖（ショ糖）に分解します。これを酵母が餌（えさ）にすると、二酸化炭素とアルコールがつくられます。発酵と呼ばれる現象で、パン生地の中に気泡として溜まり膨らみます。この膨らんだ生地を焼くと、二酸化炭素やアルコールの泡が抜け硬くなって焼き上がる。小麦のタンパク質であるグルテンにはよく伸びる性質があり、食欲を誘うように膨らむ、というわけです。

　ところで、**小麦粉とは「薄力粉・中力粉・準強**

本文参考：パンのはなし　https://www.panstory.jp/index.html

力粉・強力粉」の総称。グルテン含有量は、薄力粉6・5～8・5％、中力粉8・0～12・0％、準強力粉10・0～12・0％、強力粉11・5～13・5％の比率です。フランスパンには中力粉を使う場合もありますが、おおむね準強力粉でつくります。それ以外の**パンづくりにいちばん適している小麦粉が、グルテン含有量が多く、粒も粗くて粘性の強い強力粉**というわけです。

ただ、残念ながら小麦生産は乾燥地帯に適していて、高温多湿の日本では作物適正がありません。いまではほとんど外国産に市場を譲っているようです。ですが、「ムギがダメなら、コメがあるさ！」とばかりに米粉パンが出回りはじめました。これが流行ればコメ余りの解消につながるかもしれませんね。

図1 パンのつくり方

❶捏ねられてできたグルテン（タンパク質）は網目構造。網目の中のパン酵母によって生じる発酵ガスを包み込むと生地が膨らむ。この生地を焼くとパンができる。

❷小麦粉の中のアミラーゼがデンプンを麦芽糖や砂糖に分解し、パン酵母の餌になる。膨らんだ生地を焼いてパンのできあがり。

資料：https://breadandsomething.com/fermentation-overview/

パンと聞くと、スイスの作家ヨハンナ・スピリが書いた『アルプスの少女ハイジ』を思い出すのう。ふだん、黒パンしか食べていなかったハイジが、クララの家で初めて白いパンを食べるシーンがあった。黒パンはライ麦パンで、かなり硬い。ナイフで削って食べていたんだの。まぁしかし、黒パンは水分が低くミネラルがたっぷり入っていたから保存がきき、体にはよかっただろうよ。

09 糠味噌漬けの漬け物はどうしておいしいのだろう？

糠味噌漬け。最近は若い方にも見直されているようですが、以前には所帯じみてきた奥さんを、「糠味噌臭い」なんて、ちょっと揶揄した言い方がありました。まことに失礼な形容ですが、そんな言い方とは裏腹にこの糠味噌はすごいパワーの持ち主なのです。

糠味噌とは、**米糠（図1）に塩水を加えて味噌の硬さに練って乳酸発酵**させたもの。その糠味噌で野菜などを漬ける「床」が**「糠床」**（図2）です。漬物がおいしくなるのは、**乳酸菌（図3）が野菜のタンパク質や糖質を分解して旨味を出す**からです。ところが、最近ではそれだけではなく、乳酸菌以外に、**酵母菌などの微生物が複雑に作用して発酵し、さらに旨味を引き出している**ことも明らかになってきました。

この旨味のベースとなる糠床の入れ物は、毎日かき混ぜるので口の広い扱いやすいものが適しています。米糠に塩と水を合わせて野菜の切れ端などを捨て漬けにし、1～2週間ほど床を熟成させます。糠味噌が熟成したら、好みの野菜を適度に切って漬け込みます。1か月ほどで糠漬けのようなものができますが、おいしく食せるまでには3～4か月かかります。

漬けはじめたら毎日糠床をかき混ぜます。**混ぜ方は表面と底を入れ替えること。棲み着いている菌による過剰発酵を防ぐため**ですね。これを**「天地返し」**といいます。また、定期的に糠と塩を足す糠床のメンテナンスも大切です。乳酸菌が増え過ぎると漬物が酸っぱくなるのでpHの調製も重要ですし、水分が滲むようなら糠を足さなければなりません。水っぽくなると雑菌が繁殖し、腐敗菌が増えてしまうからです。もちろん温度管理も重

本文参考：糠みそ　https://shinmei-group.akafuji.co.jp/rice/32
アマノ食堂　https://amanoshokudo.jp/regular/o_hiraku/13582/

要です。特に**夏場は要注意。20～30℃が適温で、糠床は冷暗所に置くことが基本**です。

実は、**糠漬けの風味にカンジタ種の酵母が関係**しています。カンジタは人の常在菌ですが、体調不良になったりすると日和見感染のカンジタ症を引き起こす原因菌ともなる。まぁ、それはともかく、**カンジタ酵母は、空気があれば発酵して糠漬けの香りになり、空気が不足すると酸素呼吸して悪臭の原因**になります。「毎日、天地返しでかき混ぜる」理由がここにあったわけです。糠床で漬物を漬けるのは手間がかかりますが、手間をかけただけおいしくなる日本人の知恵が生んだ漬物が糠漬けなのですね。

図1 コメの構造

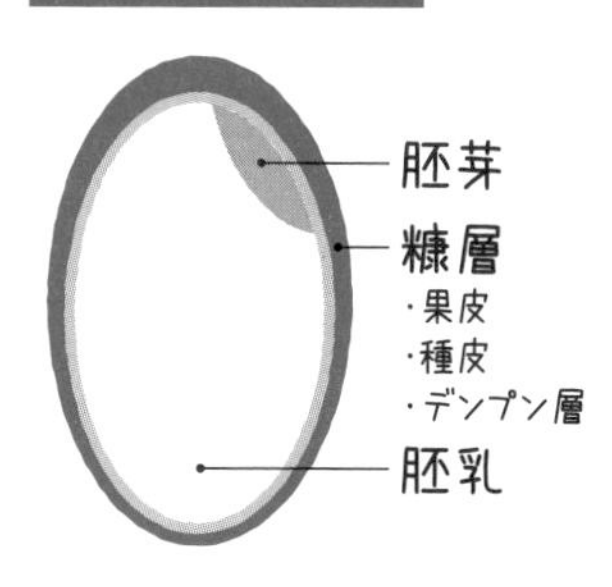

図2 糠床

糠床は毎日天地返しでかき混ぜなくてはならないので、口の広い入れ物が適している。また、定期的に糠と塩を糠床に足すメンテナンスが必要となる。

図3 乳酸菌

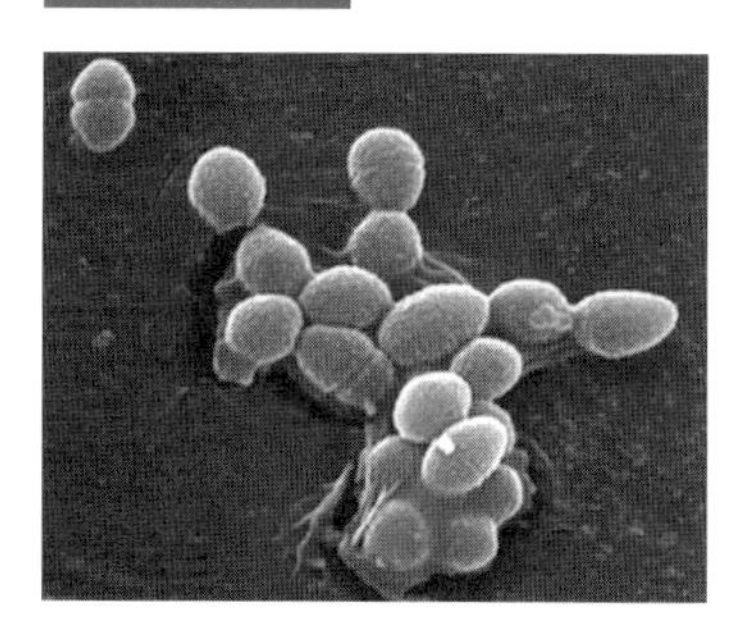

乳酸菌が野菜のタンパク質や糖質を分解して旨味を抽出する。

糠床ができたのはコメが玄米食から白米食に切り替わった江戸時代だの。そこで玄米の糠層が捨てられるようになるが、もったいない精神で利用することを思いつき、「糠床」ができたわけだ。糠床で漬けた漬物が旨いうえに保存もきいたから庶民に広がっていったのだろうよ。だが、各藩の侍が参勤で江戸へ出てくると「江戸煩い（わずらい）」が起きるようになった。白米のみを食することでビタミンB1が不足したのだ。まぁ、脚気だの。しかし、発酵食品の糠漬けを食せばビタミンB1もカリウムも摂れるから脚気予防になるはずだが、白飯が旨くてそればっかり食していたのかのう。

10 蒸留酒と醸造酒は何がどう違うのだろう?

酒類を表す英語はalcoholですね。蒸留酒はdistilled liquor、ふつうにはspirits、醸造酒はbrewed liquor、ちなみに日本酒はそのままsakeです。

蒸留酒は、よく知られているものではウイスキー、ブランデー、ウオッカ、ジン、焼酎など。**醸造酒や醸造酒の半製品、醸造酒の副産物(粕)やそのほかのアルコール含有物を蒸留して造った酒**。**醸造酒**は、清酒(清酒は酒の種類、日本酒は清酒の種類)、ワイン、ビール、発泡酒などで、**原料そのものか、原料を糖化してからアルコール発酵させた酒**。簡単にいえば、以上が蒸留酒と醸造酒の違いというわけです。

ちなみに、別種の酒として、**香料や果実、糖を添加した混成酒**があり、これには合成清酒、梅酒、リキュール、ベルモット、みりんなどが含まれます。ほかに清酒の種類に入らない醸造酒としてどぶろく(**濁酒**)があります。

このように蒸留酒と醸造酒は、製法の違う酒ということですが、酒税法でも分かれます(**図1**)。ビール類、発泡種類、その他の醸造種類、リキュール類、清酒類、果実酒類、連続式蒸留焼酎類、単式蒸留焼酎類、ウイスキー類ですね。

ところで、酒と化学は、切っても切れない関係です。なにせ製造そのものが化学の力によるからです。たとえば、合成清酒。1918年(大正7年)、第1次世界大戦終了後に起きたコメ不足から、理化学研究所がコメ不使用の酒の開発に着手。1930年(昭和5年)、ようやく**発酵法と純合成法を合体させた「理研式発酵法」が完成**し、1951年(昭和26年)に合成酒にコメの使用が許可されるまで、この発酵法が製造の主流を占め

●デンプン:化学式 $(C_6H_{10}O_5)n$

※C:炭素　H:水素　O:酸素

本文参考:「合成清酒」理化学研究所　https://www.riken.jp/pr/historia/riken_shu/index.html
「醸造酒」山形洋平『眠れなくなるほど面白い　図解　微生物の話』(日本文芸社刊)

ていた。**理化学研究所が製造法を発明したので「理研酒」**といったそうです。

　また、ワインは原料がブドウなので糖分があります。その**糖分を酵母が直接食べてアルコール発酵する**。なので**「単発酵」**。日本酒は穀物のコメが原料なので糖分はありません。そこで含まれているデンプンを麹菌で分解してブドウ糖にし、それを酵母が食べるとアルコール発酵する。**糖化と発酵の工程が同時に並行して行われているので「並行複発酵」**。ビールも原料の大麦麦芽には糖分がないので、砕いた麦芽とお湯を混ぜ、麦芽のアミラーゼ（高分子多糖類）によってデンプンを分解し糖化します。そのあと麦汁に酵母を加えてアルコール発酵させます。**糖化と発酵の工程が分かれているので「単行複発酵」**。

　これらは、すべて化学。うまい酒を飲めるのは化学の力、というわけです。

図1　酒類にかかる税金の分類・酒税法

令和3年（2021年）12月現在

区分 品目	容量（mℓ）	アルコール分（%）	代表的なものの小売価格（税込）①（円）	酒税額②（円）	消費税額③（円）	酒税等負担率（②+③）／①（%）
ビール	633	5.0	330	126.60	30.00	47.5
	350	5.0	219	70.00	19.91	41.1
発泡酒（麦芽比率25%未満のもの）	350	5.5	168	46.99	15.27	37.1
その他の醸造酒（発泡性）②	350	5.0	160	37.80	14.55	32.7
リキュール（発泡性）②	350	5.0	160	37.80	14.55	32.7
清酒	1,800	15.0	2,035	198.00	185.00	18.8
果実酒	720	11.0	770	64.80	70.00	17.5
連続式蒸留焼酎	1,800	25.0	1,510	450.00	137.27	38.9
単式蒸留焼酎	1,800	25.0	1,878	450.00	170.73	33.1
ウイスキー	700	43.0	2,068	301.00	188.00	23.6

注：1. 清酒、果実酒、連続式蒸留焼酎、単式蒸留焼酎、ウイスキーの小売価格（税込）は、大手主要銘柄のメーカー参考小売価格を基に算出。また、ビール、発泡酒、その他の醸造酒、リキュールは、オープン価格のため大手コンビニエンスチェーンでの代表的な小売価格。なお、ビール（633mℓ）には容器保証金（5円）が含まれる。
2. その他の醸造酒（発泡性）②、リキュール（発泡性）②とは、ホップまたは財務省令で定める苦味料を原料の一部と酒類で、平成29年（2017年）改正法附則第36条第2項第3号に該当するものをいう。
3. 消費税率は10%で計算。

備考：国税庁『酒のしおり』令和4年（2022年）3月　資料：財務省

11 カカオからどうしてチョコレートができるのだろう？

チョコレートは老若男女にかかわらず人気の食べ物で、チョコレートをタイトルにした映画も公開されました。『ショコラ』（2000年）、『チョコレート』（2001年）、『チャーリーとチョコレート工場』（2005年）などですね。

さて、チョコレートといえば「カカオ」。パッケージにカカオ豆や溶けたチョコレートの絵が描かれていたりします。

カカオに生る果実（図1）の白い果肉、パルプに包まれている種子がカカオ豆です。このカカオ豆をローストし、**種皮を除いた部分が胚乳部でカカオニブ**。これを**擂り潰してしてペースト状にすると、チョコレートやココアの原料カカオマス**になるのです。

ココアはカカオマスをアルカリ処理してから機械で圧力をかけ、油脂（ココアバター）を搾り取って固形化したココアケーキを砕いてパウダー状にしたもの。チョコレートはカカオマスに砂糖、ココアバター、ミルクを加えたチョコレート生地を練り込んで成型したもの**（図2）**。

チョコレートの味が変わるのは発酵のお陰です。カカオ豆はパルプの中に入っている状態で発酵させてから取り出します。発酵の工程が、渋みの軽減、酸味を増す、香りの素をつくる、発芽を防ぐ、という役割を担います。驚くかもしれませんが、**カカオ豆は「発酵食品」**です。**発酵中に「プレアロマ」が生成され、カカオの風味はほぼここで決まる**といいます。**プレアロマとは香りの前駆体で、発酵中に生じる酸素が活性化してタンパク質やポリフェノールなどが分解され、化学変化を起こす**のです。

カカオ豆を欧州人で最初に手にしたのはコロン

本文参考：明治チョコレートの基礎知識　https://www.meiji.co.jp/hello-chocolate/basic/20.html
読むココア　https://www.morinaga.co.jp/yomu-cocoa/trivia/chronology.html

図1 カカオの実とカカオ豆

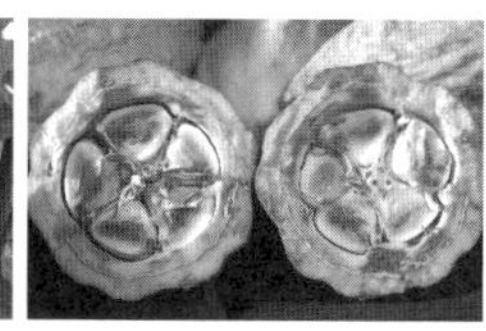

カカオの実と実の断面。5個ずつ並んだ種子がカカオ豆。

図2 カカオ豆からチョコレートへ

ロースト

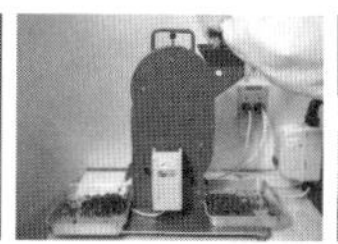
種皮を除く

カカオニブ

磨砕

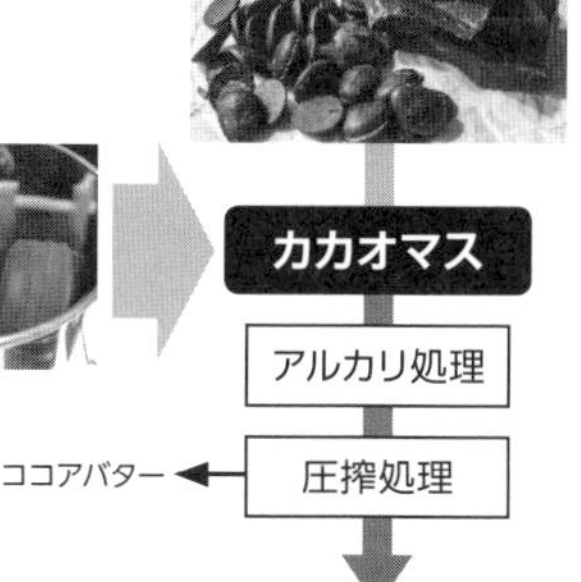

カカオマス

アルカリ処理

ココアバター ← 圧搾処理

ココア

資料：https://www.meiji.co.jp/hello-chocolate/basic/15.html
https://www.meiji.co.jp/hello-chocolate/basic/20.html

ブス。ただし、彼は興味を示さなかった。そのため、実質的にスペインに紹介したのは、1528年、アステカ帝国を滅ぼしたコルテスといわれています。その後、チョコレート飲料がスペイン宮廷を中心に普及し、やがてフランス宮廷などにも広がります。

1824年、オランダのヴァン・ホーテンがカカオマスをアルカリで中和し、ココアの製造に成功します。1847年、イギリスのフライ社が板チョコを開発。固形化によって保存性が増し携帯が可能になりました。1876年になるとスイスのダニエル・ピーターがミルクチョコレートを開発、発売します。日本では1878年（明治11年）に東京の凮月堂が輸入チョコレートを加工して販売しましたが、日本初のチョコレートの一貫製造は森永製菓で、1918年（大正7年）にミルクチョコレートを発売しました。これが日本製チョコレート開発の先駆的な出来事になったというわけです。

12 ガムはどうして口の中でなくならないのだろう？

チューインガム。どなたも噛んだことがあるでしょう。このチューインガム、**語源はチューイング・ゴム（＝ゴムを噛む）**から来ています。メキシコのマヤ文明の時代に、住民がサポディラ（**図1**）という樹の樹液を煮詰めて固めたもの（天然チクル）を噛んでいたのがチューインガムのはじまりです。テキサスの帰属を争った1846〜1848年のアメリカとメキシコの戦争時代にアメリカに伝わり、甘味料を加えて売り出されたことで、爆発的に人気を呼びました。

では、このチューインガムはなぜ口中で溶けないのか。**ガムは天然チクルに含有するポリイソプレンや酢酸ビニル樹脂などの植物性の樹脂が主な原料**です。天然チクルは、中南米の常緑樹サポディラから採取する樹液ですが、**ポリイソプレンは炭素が網目に連なった構造で、水に溶けにくい性質**を持っています。つまり、唾液で溶けないということです。また、その編目構造に硬軟を調節する物質や香料、甘味料を含ませるので、ガムを噛むと香りと味が染み出してくるのです。

子どものころ、駄菓子屋で外側がイチゴ味、オレンジ味、ブドウ味の糖衣で囲まれたガムを買った記憶が思い出されます。風船ガムを噛んだときには思いっきり膨らませたことがありました。**風船ガムは、ガムベースの酢酸ビニル樹脂の細い糸が絡み合った網のような素材で、丈夫で伸びやすく**なったものです。

話を変えますが、最近、**「オーラルフレイル」（図2）**という言葉を聞きます。**口腔機能の衰えで食べる力が弱くなり、体が衰え（フレイル）てしまう老化現象**の1つです。そうなると社会生活に支障が出ます。そこに登場する援軍がガムです。ガ

●ポリイソプレン（イソプレン）：化学式$CH_2=C(CH_3)CH=CH_2$
●酢酸ビニル：化学式$C_4H_6O_2$
●キシリトール：化学式$C_5H_{12}O_5$
※C：炭素　H：水素　O：酸素

本文参考：関東化学　https://www.kanto.co.jp/jikken/question/q10/q10_shikumi.htm
日本チューイングガム協会　https://chewing-gum.jp/

図1 サボディラの樹

（左）サボディラから天然チクル採取（1917年ベリーズ）。
（右）サボディラの樹。

図2 オーラルフレイルへの進み方

第1段階 **口腔内の健康リテラシーが低下**
口腔機能の管理に関心が低い

▼

第2段階 **口腔内にトラブル発生**
噛みにくい食品の増加や食べこぼし、滑舌の低下

▼

第3段階 **口腔内の機能低下**
口が乾燥し、噛む筋力が低下して食べにくい

▼

第4段階 **食事機能の障害**
・噛めない・飲み込めない・食べられない

▼

最終段階 **フレイル・要介護へ**

資料：公益社団法人 日本歯科医師会「歯科診療所における
オーラルフレイル対応マニュアル」2019年版を改編

ムを噛んでいると、「口臭改善」「唾液の分泌を促し消化を補助」「歯茎と顎の骨の堅牢化」「脳の活性化」などの効果が期待できます。

また、虫歯予防のための**キシリトール（多くの果実や野菜に含まれる虫歯にならない甘味料）**含有のガムが販売されています。キシリトールは白樺や樫の樹液から抽出します。おススメは、歯の再石灰化を促進する成分含有量の多いもので、特定保険用食品として認定されているガム。どうやらガムは、健康にも寄与するすぐれた食品のようです。

わしの時代にはチョコレートもガムもなかったわい。ところで、ガムを溶かす食べ物があるというぞ。驚くなかれ、チョコレートだ。ガムは油脂に溶けやすいらしい。ガムと一緒に食べると網目構造のポリイソプレンの隙間に油脂が入り込む。すると、網目がほどけて溶かすのだという。まぁ、チョコレートに限らず、脂分を含んだ食べ物なら同じだがの。

COLUMN❸

日本人が発見した うま味成分

うま味（60ページ参照）は、甘味・酸味・塩味・苦味とともに基本味の1つ。化学物質グルタミン酸そのものは、1866年にドイツの農芸化学者カール・リットハウゼンが小麦のグルテンから単離していました。ですが、当時の東京帝大理学部化学科の池田菊苗教授が、1908年（明治41年）に昆布からうま味成分グルタミン酸というアミノ酸の一種を抽出し、「うま味」と名付けたのです。このうま味を調味料として世に送り出したのが、「味の素」2代目鈴木三郎助です。

池田は「うま味調味料」発明の動機を、「佳良にして廉価なる調味料を造り出し、滋養に富める粗食を美味ならしむること」と記しています。日本人の栄養状態を憂慮し、おいしく食べることのできる社会を目指したのですね。なにせ明治期の日本人の体格が、欧米諸国に比べ劣っていた。1900年（明治33年）の調査では、日本人17歳男性の平均身長が157㎝、女性は147㎝、平均寿命は男42.8歳、女44.3歳でした。それが2021年（令和3年）には17歳男性170.8㎝、女性158.0㎝、平均寿命も21年には男81.47歳、女87.57歳と大幅に伸びています。池田の目指した栄養状態の改善は達成されましたが、今度は飽食や食品ロス、安全性が問われるようになってきた。そんな時代に、一度歩みを止めて「食とは何か」を栄養学・健康学・食料問題などの視点から考えを深めていく必要があるのかもしれません。

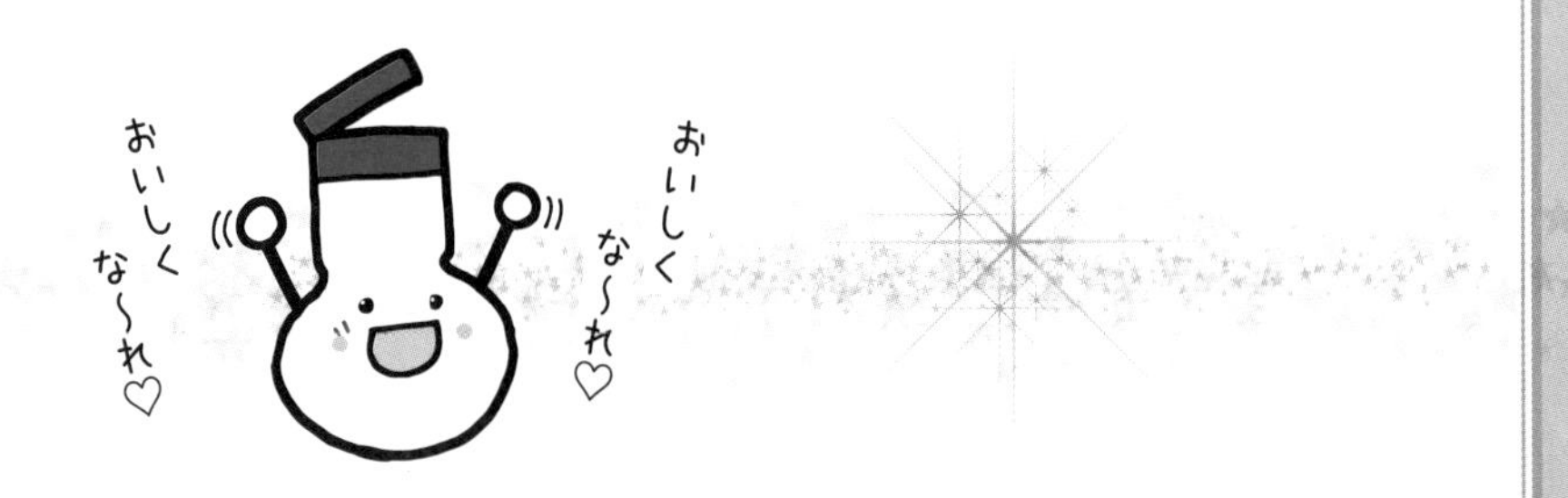

PART4

人、化学で電気を使う

01 雷が電気だとどうして知ることができたのだろう？

電気を最初に発見したのは、PART1にも名前の出た古代ギリシャのタレスだそうです。きっかけは、貴石である琥珀（こはく）を擦るとゴミなどがくっつくことでした。つまり「静電気」ですね。**琥珀は古くはエーレクトロン“electron”と呼ばれていて、それが電気を表す“electricity”になっ**たといいます。

そんな発見から長い年月が過ぎ、アメリカの物理学者で政治家でもあった**ベンジャミン・フランクリン**（1706〜1790年）**が、「雷は電気だ」と証明**しました。1752年、嵐に凧（たこ）を揚げて明らかにしたのです。どうして嵐に凧を揚げるような危険を冒したのかというと、ひとえに電気への興味、好奇心。そして蓄電池のない時代、実験で用いたのはライデン瓶です。**ライデン瓶が電池代わり**だったのです。

フランクリンの凧実験**（図1）**は、**①針金をつけた雷雨でも破れない絹製の凧をつくる、②凧からつないだ麻糸に金属製の鍵を結ぶ、③鍵の位置からは通電しにくい絹糸を結ぶ、④凧を雷の発生時に揚げる、⑤稲妻が鍵を直撃、⑥電気がライデン瓶に蓄電**、という方法でした。

ライデン瓶は、ガラス瓶の内側と外側に金属（錫箔など）を貼って電極とし、瓶の蓋の真ん中に金属棒を通して先端に垂らした鎖が内面の錫箔と接触するようにしたもの。コンデンサと同じ原理です。名の由来は電気研究をしていたオランダのライデン大学に因（ちな）んでいます。

さて、②の凧につないだ麻糸は、乾燥していると通電性は低いのですが、水を含むと通電します。③の絹糸はとても堅牢で電気を通しにくかったため使ったのでしょう。

※雷雨に凧揚げは危険。絶縁に失敗して感電死した事例もあるので絶対に試さないでください。

本文参考：フランクリンの凧　https://www.franklinjapan.jp/raiburari/topics/others/208/

フランクリンはまた、凧実験と同時期の18世紀半ばに避雷針を考案しています。彼は避雷針の効果を明らかにすべく自宅に避雷針を設置しましたが、その効果は懐疑的に見られていた。そこで友人たちに依頼し、避雷針を取り付けてもらいます。やがて、実験にとっては幸運なことに、ある家に落雷しますが建物に被害がありませんでした。こうして避雷針の効果が証明されたことで、アメリカでは急速に避雷針を設置する家が広がったといいます。いまでは当たり前の避雷針も、効果が理解されるまではたいへんだったのですね。

電気といえば、わしの名が出てくるぞ。オランダで発明されて、見世物やいまでいう低周波電気治療の医療器具として使われていた「エレキテル」が我が国に持ち込まれた。破損したものをわしが手に入れ、修理して復元したのだな。まぁ、これは摩擦を利用した静電気の発生装置だ。これを殿様や金持ち商人に見せると大人気になったのう。

平賀源内のエレキテル（逓信総合博物館所蔵）
資料：大人の科学.net
https://otonanokagaku.net/issue/edo/vol4/index05.html

図1 フランクリンの凧

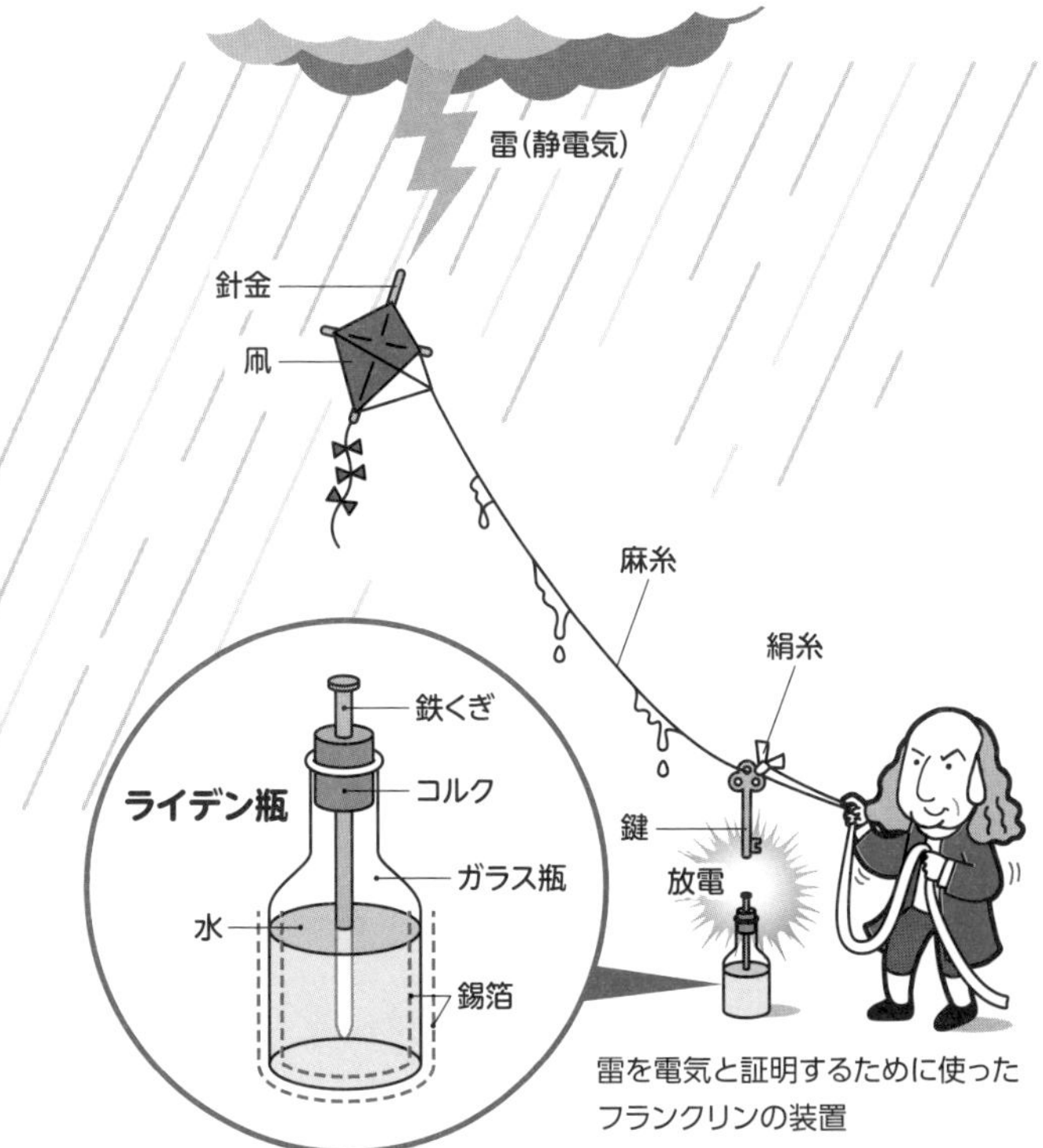

雷を電気と証明するために使ったフランクリンの装置

ベンジャミン・フランクリン
フランスの画家ジョゼブ・デュプレシ（1725-1802年）によるフランクリンの肖像画。

02 乾電池とリチウムイオン電池はどんな仕組みなのだろう？

ライデン瓶の役割に「アリベデルチ」（さようなら）と別れを告げて、1800年、**イタリアの物理学者アレッサンドロ・ボルタ**（1745～1827年）**が電池を発明**します。

ボルタの発明した電池は、**プラス極に銅板、マイナス極に亜鉛版を用い、希硫酸を電解液**としました。亜鉛版から亜鉛イオンが電子を残して溶け出しますが、残っている**電子は導線を伝って銅板に流れます。水素イオンが銅板上で電子をキャッチして水素ガスを発生させると発熱反応（酸化還元反応）が起きるためエネルギーが生じます**。これを**電気エネルギーに変換**するのが「ボルタの電池」**（図1）**です。

しかし、開発のはじめは苦労がつきものです。電解液は希硫酸ですから、扱いが要注意。液体なので持ち運びにも苦労した。石膏で固めたことで運搬が楽になったのですが、これが副次的にネーミングを贈りました。**乾いた電池だから「乾電池」と呼び名が付けられた**のです。

電池は、プラス極とマイナス極の材料の間で起こる化学反応で電気が発生し、外部に電流を流す仕組みです。電池切れというのは、この化学反応が消滅したことです。

電池には充電式電池もあります。携帯やパソコン、自動車で用いている電池は、充電式のリチウムイオン電池**（図2）**です。リチウムイオン電池には、**リチウム金属酸化物のプラス極、グラファイトなどの炭素材のマイナス極、電解液に非水溶系有機電解質が使われ、プラス極とマイナス極の間をリチウムイオンが移動して充電と放電を繰り返します**。充電ではリチウムイオンがマイナス極に移動し、放電ではプラス極に移動するため繰り

●希硫酸（硫酸）：化学式H_2SO_4　●水素イオン：化学式H^+
●亜鉛イオン：化学式Zn^{2+}　●リチウムイオン：化学式Li^+
※H：水素　S：硫黄　O：酸素　Zn：亜鉛　Li：リチウム

本文&図参考：一般社団法人 電池工業会　https://www.baj.or.jp/battery/qa/mechanism.html#
Techs blog　https://techs-blog.com/lib/basic/
OKIエンジニアリング　https://www.oeg.co.jp/analysis/Li-ion.html

図2　リチウムイオン電池の仕組み

リチウムイオン電池は、放電するとリチウムイオンがプラス極に移動し、充電するとマイナス極に移動するため、繰り返し使うことができる。

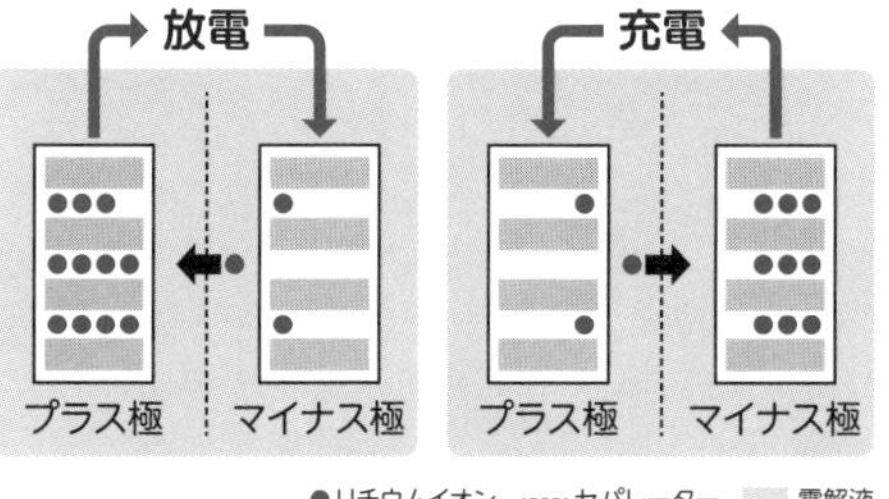

図1　ボルタ電池の仕組み

電子の移動で電流が発生!

❶ マイナス極の亜鉛板から亜鉛イオンが電子を残して溶解。

❷ 亜鉛板上に残留した電子が、導線を伝って銅板へ移動。

❸ 希硫酸中の水素イオンが銅板上で電子をキャッチ。水素ガスが発生。

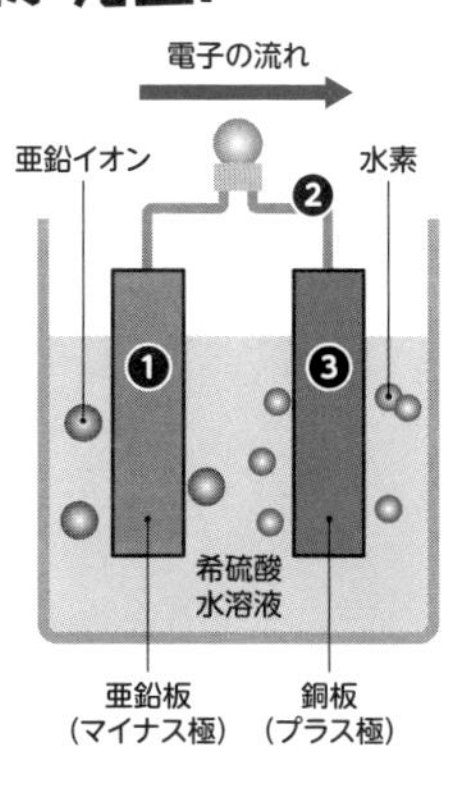

返し使えるのです。この**電池を世界ではじめて商品化し、「リチウムイオン電池」と名付けたのは、ソニー・エナジー・テック社。**１９９１年のことです。

また、生物学には「生命の樹」という全生物の系統図がありますが、化学にも「電池の樹」（一般社団法人電池工業会作成）の図があるので、参考までに掲載しておきます。

03 ダムの水からどうして電気ができるのだろう？

水力発電を発電方式で分けると、**「流れ込み式（自流式）」**（図1）、**「調整池式」**（図2）、**「貯水池式」**（図3）、**「揚水式」**（図4）の4つですが、それぞれの特徴を図で説明しました。

ですが、水力発電といえば、やはりダムが思い浮かぶかもしれません。ダム（貯水池式）による**水力発電は、規模が大きくエネルギー変換効率が高い発電方式**です。**二酸化炭素（CO_2）排出量が少ない再生可能エネルギー**ですが、水が高所から低所に落下する力を利用して発電します。ダムの貯水が**取水口から水路を通り発電機に直結した水車を回すと、その回転を利用して発電機が回転し、電気をつくる仕組み**です。

ところで、日本のダムでもっとも有名なのは、富山県黒部市黒部川上流に建設された「くろよん」（黒部川第四水力発電所）でしょう。その難工事を描いた映画『黒部の太陽』は1968年（昭和43年）に公開、翌年にはテレビドラマにもなりました。企業タイアップ映画の先駆となった作品で、劇団民藝の全面協力のもと、三船プロダクションと石原プロモーションが関西電力などと組んで共同制作した映画です。関西電力や熊谷組などが前売り券を大量に購入したこともあって、興行収入は16億円（現在価値で72億円）を超し、観客動員数は737万人余と、当時としては破格の成績を残しました。

実際の「くろよん」は、関西電力が1956年（昭和31年）に着工し、7年の歳月をかけて1963年（昭和38年）に完成したコンバインダムです。工費513億円、延べ1000万人の作業員、不幸にして171人の殉職者を出した難工事でした。それほどの苦心によってできた黒四ダムです

本文＆図参考：電気事業連合会　https://www.fepc.or.jp/enterprise/hatsuden/water/index.htmlほか
関西電力　https://www.kepco.co.jp/energy_supply/energy/newenergy/water/shikumi/index.html
東北電力　https://www.tohoku-epco.co.jp/kids/adv03_01_02.html

が、いまでは観光客の人気スポット。水煙を激しく上げる放水は、ついつい見とれてしまうほどの迫力なのです。

ダム建設は過酷な工事だの。1940年（昭和15年）に運用を開始した「仙人谷ダム」（黒部川第三発電所）は、すべて人力での工事だった。落盤、大量の出水、高熱地帯、ダイナマイトの誤爆で300人の犠牲者を出した。仙人谷の工事を活写したのが吉村昭の小説『高熱隧道』だ。まぁ、この経験が「くろよん」へと続いていくのだのう。人の知恵と情熱が、我が日本の土木工事の基礎となったのだな。

図1　流れ込み式（自流式）発電

川の水を直接引き込んで発電機を回す。水を貯水できないので、川の水量で発電量が変わるという問題点もあるが、建設コストを比較的抑制できる方式。

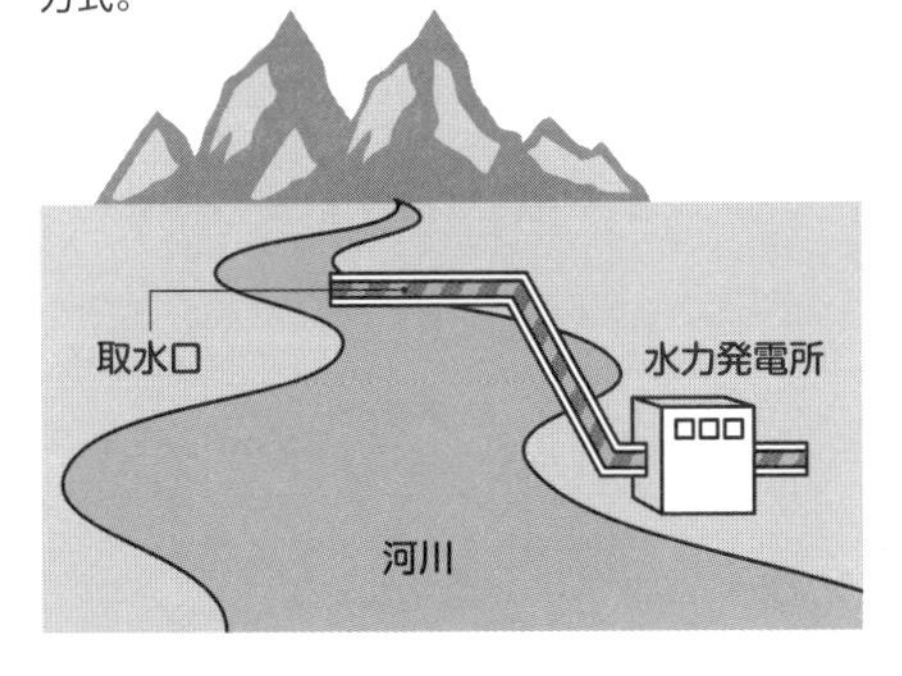

図2　調整池式発電

調整池の貯水によって水量調節が可能になるため、発電量の調整ができる方式。

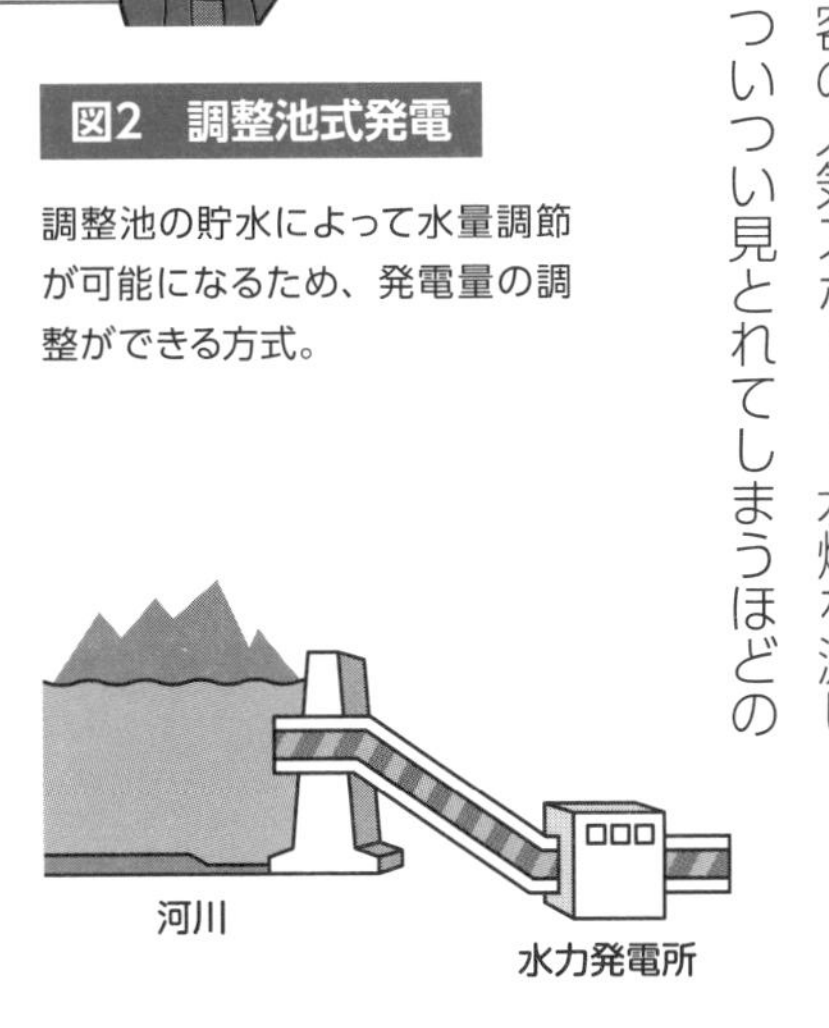

図3　貯水池式（ダム）発電

河川をダムで堰き止め、溜まった水を高所から低所に落下する力を利用する。ダムに溜まった水が取水口から水路を通り発電機に直結した水車を回すと、その回転で発電機が回転し発電する方式。ただし、河川距離の短い日本の川では建設場所が限られるのが実情である。

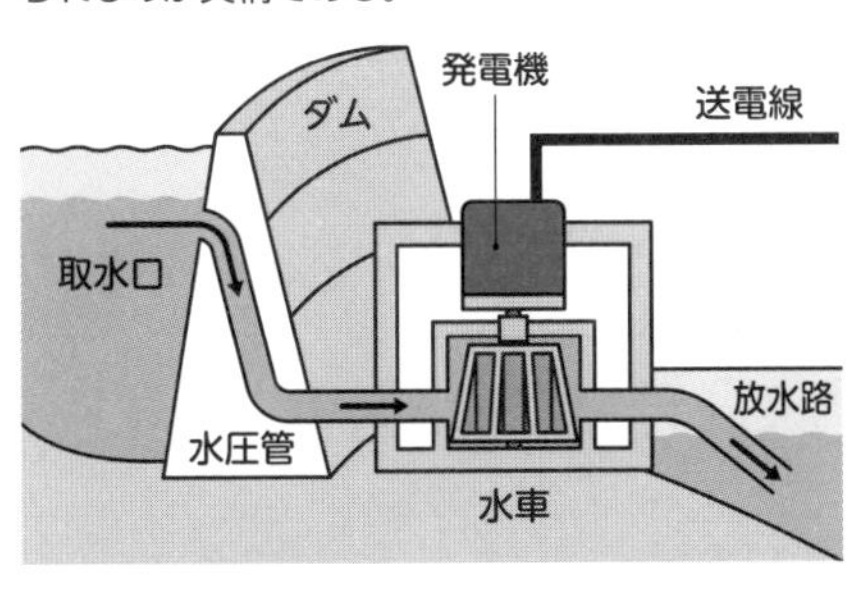

図4　揚水式発電

揚水式は発電所の上と下に調整池をつくり、昼間は上の水を下の調整池に落として発電し、夜は溜まった下の水を上の調整池に汲み上げる方式。

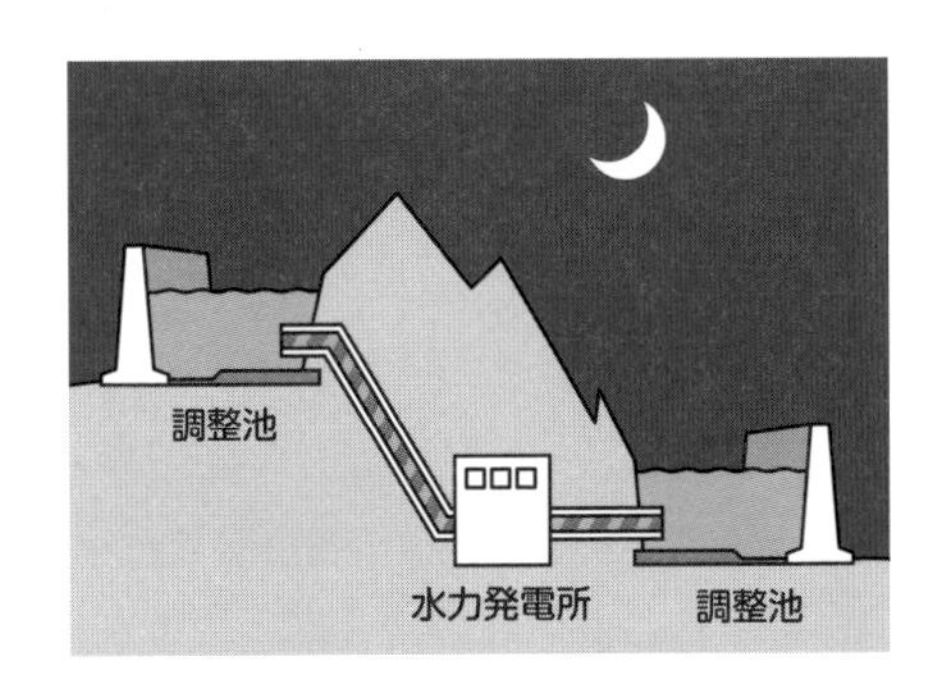

04 火力発電はどうやって電気をつくるのだろう？

2022年現在、日本の**火力発電の割合（図1）は72・5%**（石炭27・8%、LNG29・9%、石油3・0%、その他火力11・8%）だそうです。

火力発電には、燃料を燃やして熱水をつくり、その蒸気の力で蒸気タービンを回す**「汽力発電」**、同じくガスタービンを回す**「ガスタービン発電」**、その2つを組み合わせて電気をつくる**「コンバインドサイクル発電」**があります。

火力発電の基本原理**（図2）**をイメージすると、まず薬缶（やかん）でお湯を沸かす。薬缶の口は小さいほど蒸気が勢いよく飛び出す。蒸気の力は圧力。その圧力で風車（蒸気タービン）を回す、となります。実際の火力発電**（図3）**では、**ボイラーでつくられた蒸気は、タービンを回すと復水器で冷却されて水に戻り、ボイラーに送られます。これがまた蒸気となる。つまり、循環**ですね。復水器の水を冷やすには大量の水が必要となるため、火力発電所の立地条件は、海などの水源に近い場所。それに火力発電は、石炭やLNG（液化天然ガス）、石油などを使って火力にするので、運搬に便利な臨海部が適している、というわけです。

火力発電の中でも**効率がいいのは、コンバインドサイクル発電**です。**この発電方式は他の火力発電と同じ量の燃料で、電力を多くつくれるうえに二酸化炭素（CO_2）排出量が少ないのです。**地球温暖化防止は喫緊の課題なので、小型の発電機を組み合わせて大きな電力を得ることができ、かつCO_2削減にも有効なこの方式は大きなメリットがあるようです。実際、日本でいま導入されている**最新型のコンバインドサイクル発電は、約62%（低位発熱量基準）の発電効率を実現しているそうで、これは世界最高水準**だといいます。

本文&図参考：電気事業連合会　https://www.fepc.or.jp/enterprise/hatsuden/fire/index.html

図1 日本全体の電源構成と割合(2022年値)

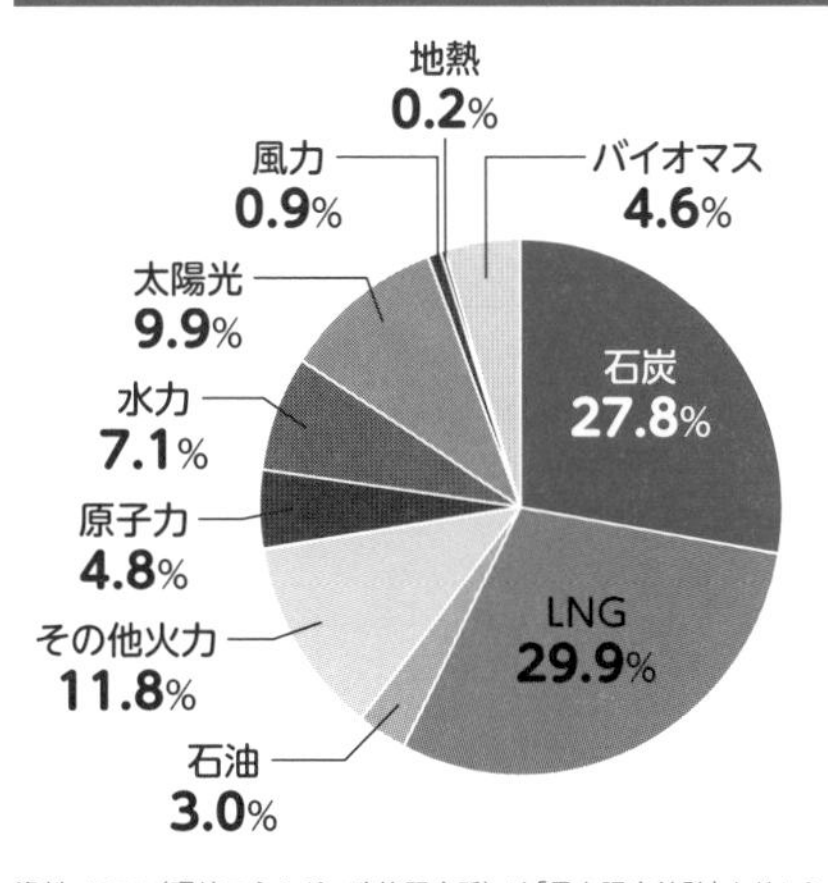

資料:ISEP(環境エネルギー政策研究所)が「電力調査統計」などから作成(2023年4月)

図2 火力発電の基本原理

薬缶でお湯を沸かすと蒸気が薬缶の口から噴き出す。薬缶の口は小さいほど蒸気が勢いよく噴出する。蒸気の力は圧力なのでその圧力で風車を回すというのが基本原理。

図3 火力発電の基本構造

火力発電は、蒸気の圧力で回るタービンが発電機につながっている。発電機には磁石とコイルが装置されており、発電機が回るとコイルの中で磁石が回って電気が発生する。仕事を終えた水は復水器で冷却されてボイラーに戻される。この水がまた蒸気となってタービンを回す循環システム。

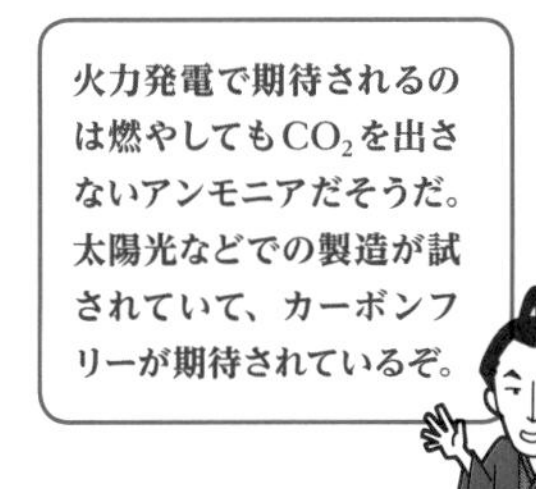

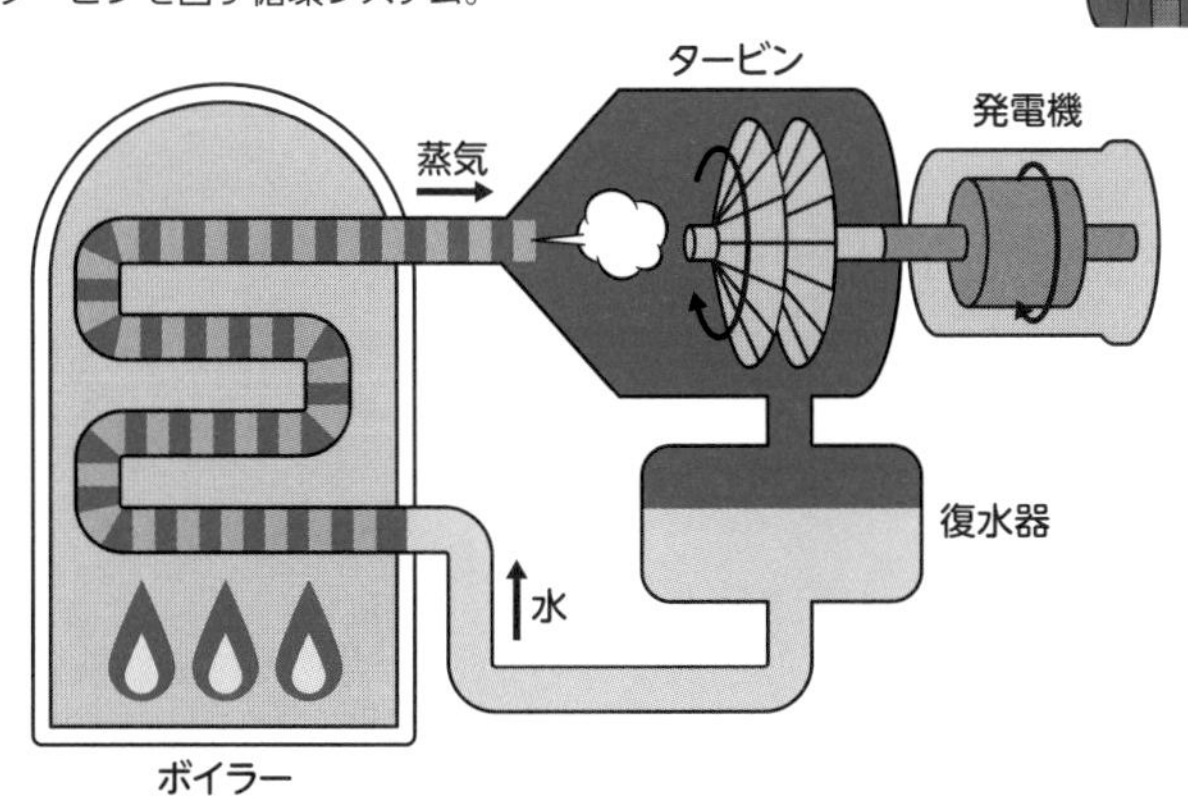

「問題は、解決されるためにある」といったのは、日本興業銀行頭取・経済同友会代表幹事を務めた中山素平(1906~2005年)です。けだし名言で、地球温暖化も「解決される」ためにある「問題」と信じたいものです。

05 原子力発電はどうやって電気をつくるのだろう？

原子力発電は1951年のアメリカからはじまりました。世界では50年ほど前から稼働が広がり、原子力委員会の統計によると、**2018年時点での稼働国が31か国、建設中・計画中を含めると40か国**に上るそうです。

ところで、日本での原子力発電はよく**軽水炉**とアナウンスされます。これは**沸騰水型と加圧水型の原子炉をまとめていう呼び方**。どちらの型も**仕組みの原理は火力発電と同じ**で、**ボイラーの代わりが原子炉（図1）**です。**原子炉内でウランが核分裂を繰り返して生じた熱が水を蒸気に替え、タービンを回して発電する**のです。利点は、一度ウラン燃料を入れると1年間連続運転できること、二酸化炭素（CO_2）を排出しないことです。

燃料は核分裂するウラン235です。天然ウラン中の含有率が0・7％程度なので、これを2〜4％ほどに濃縮して直径約1㎝、高さ約1㎝の円柱状の焼結ペレットにし、被覆管というジルコニウム合金製の長筒に密封して燃料棒にします。燃料棒を多く束ねたものが燃料集合体で、この燃料集合体が原子力発電の燃料となるわけです。

では、どうしてウランが燃料になるのか……。ウランは原子核が2つ以上に分裂すると大きなエネルギーを放出するからです**（図2）**。**ウラン235の原子核に中性子を当てると核分裂が起き、大きな熱エネルギーが生まれます**。このとき**原子核から2〜3個の中性子が飛び出し、別のウラン235の原子核に衝突して核分裂する**。そうすると、さらに**中性子が飛び出して連鎖的に核分裂し、膨大な熱エネルギーを発生させます**。この**連続的に起こる核分裂を制御して利用しているのが原子力発電**というわけです。

本文&図参考：TEPCO　https://www.tepco.co.jp/electricity/mechanism_and_facilities/power_generation/nuclear_power/nuclear_power_generation.html
関西電力　https://www.kepco.co.jp/energy_supply/energy/nuclear_power/whats/kakubunretsu.html
日本原子力発電　https://www.japc.co.jp/atom/atom_2-1.html

図1 原子力発電の仕組みと燃料集合体

資料：資源エネルギー庁
https://www.enecho.meti.go.jp/category/electricity_and_gas/nuclear/001/pamph/manga_denki/html/006/

火力発電のボイラーに当たる部分が原子炉。原子炉内でウランが核分裂を繰り返して発生した熱が水を蒸気に替え、タービンを回す。タービンは発電機を駆動して電気をつくる。また、110万kW級の沸騰水型軽水炉では、燃料棒約60～80本束ねた燃料集合体764体が原子炉内に装荷される。

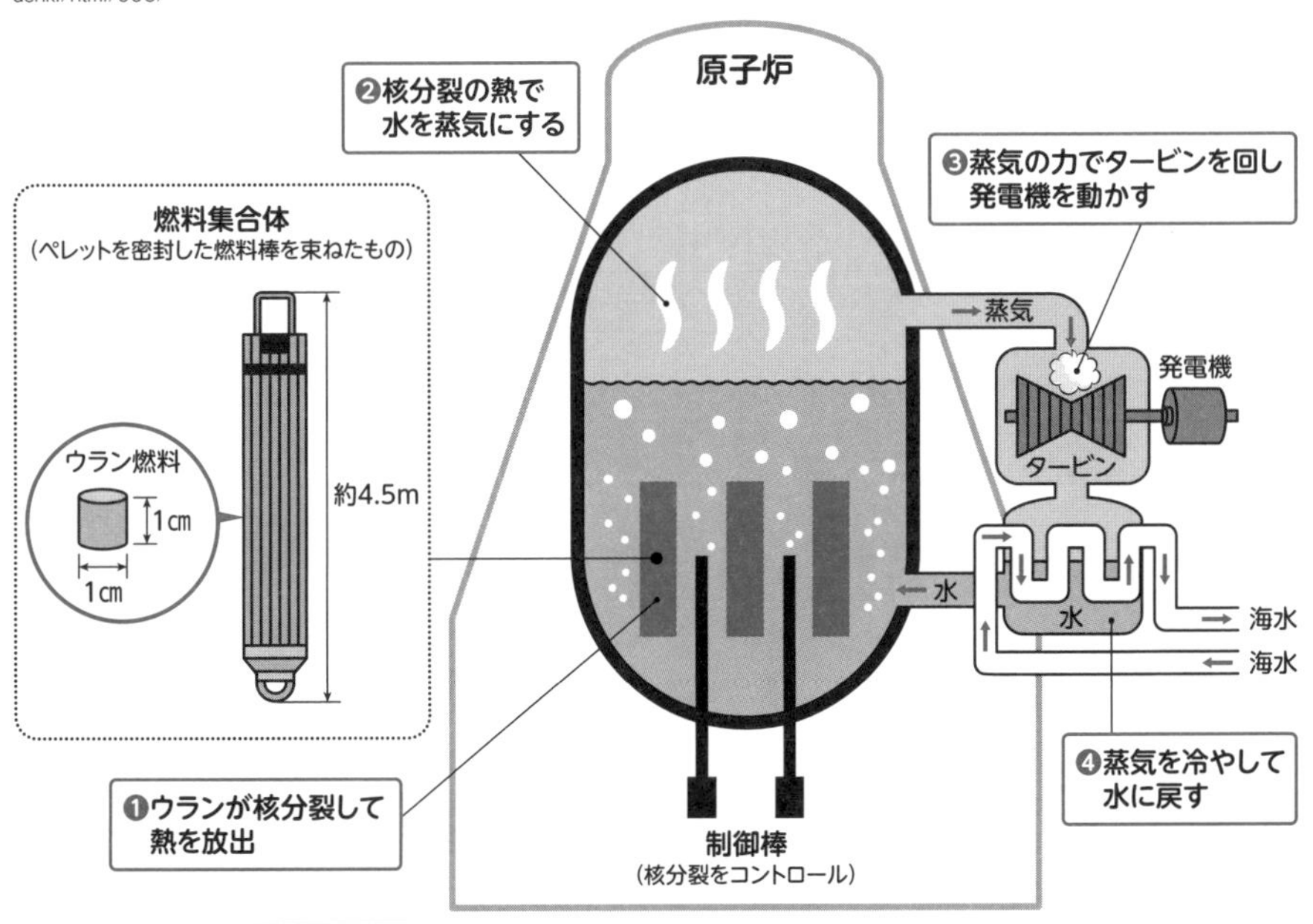

図2 軽水炉での核分裂

ウラン235の原子核に中性子を当てると、原子核が核分裂を起こし、熱エネルギーを放出する。また、原子は1つの原子核と複数の電子によって構成され、原子核は陽子と中性子で構成される。通常、原子はプラス電荷を持つ陽子とマイナス電荷を持つ電子が同数存在している。原子核に含まれる中性子の数が異なる原子の場合は同位体と呼ばれる。

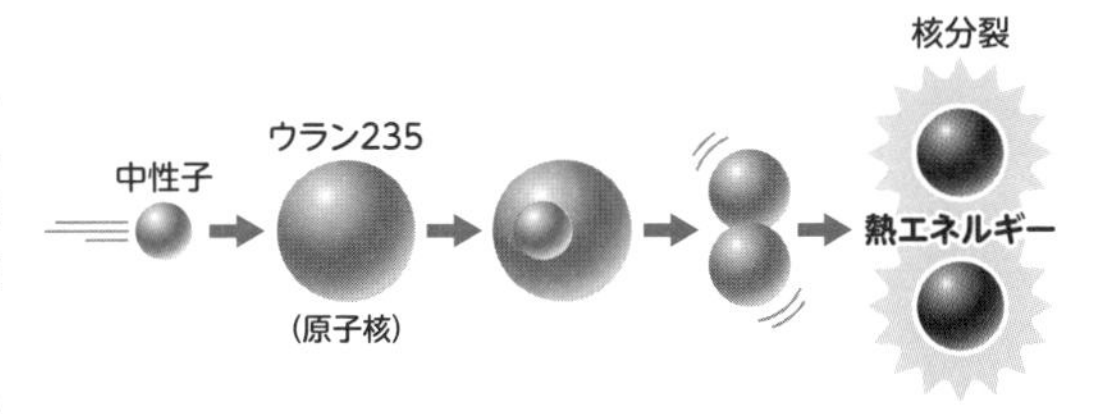

原子の構造とウラン3種類

	陽子の数	中性子の数	陽子と中性子の数の和	自然界に存在する割合
ウラン234	92	142	234	0.0055%
ウラン235	92	143	235	0.7200%
ウラン238	92	146	238	99.2745%

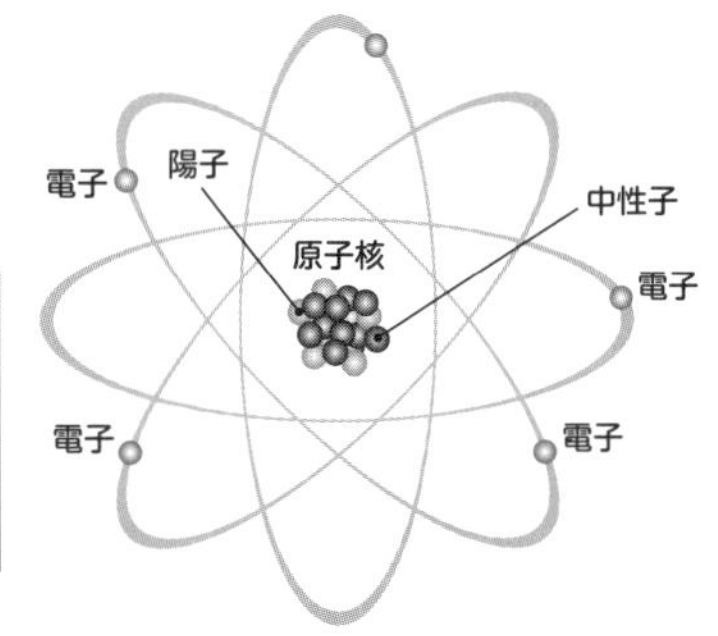

06 太陽の光からどうして電気ができるのだろう?

古代、人類は光の源、太陽を崇めました。理由はさまざまですが、エジプトでは「太陽神ラー」、ギリシャ神話では「アポロン」など、日本は「天照大神」ですね。その太陽が、いまでは発電のエネルギーとして光を降り注ぐようになりました。

太陽光発電は、よく知られているように太陽の光を利用して電気をつくる方式です。太陽の光をソーラーパネルにたくさん集めた太陽電池を使って発電します(図1)。**太陽電池は、電気を蓄える電池ではなく発電機。「n型半導体」と「p型半導体」が張り合わされて、導線とつながっています。**ソーラーパネルに光が当たると**n型に陰性の電子が、p型には陽性の正孔が集まる。すると電子(-)が導線を伝わって正孔(+)に移動(図2)する。**この電子の流れを利用して電気をつくるのが**太陽光発電**です。

ところで、太陽電池には、**「セル」**とか、**「モジュール」**とかの言葉が出てきます。**セルとは、太陽電池の最小単位のこと**で、**モジュールとは複数のセルを組み合わせてパネル状に加工したもの。**このモジュールを**「ソーラーパネル」「太陽光パネル」「太陽電池パネル」**と呼んでいるわけです。

太陽光発電協会(JPEA)は、ソーラーパネルのシステム容量1kW当たり発電量は年間で約1000kWh、1日約2.7kWhを目安としています。kWhは「1時間当たりの発電量」単位で、計算式は「出力容量(kW)×時間(h)」です。では、一般の家庭が太陽光発電ですべての電気を賄おうとすると、どのくらいのソーラーパネルが必要となるのでしょう。

家庭で使用するソーラーパネル1枚のシステム容量は、だいたい3~5kW(家庭用は10kW未

本文&図参考:電気事業連合会 https://www.fepc.or.jp/enterprise/hatsuden/new_energy/taiyoukou/index.html
関西電力 https://www.kepco.co.jp/brand/for_kids/teach/2016_05/index.html
東京電力エナジーパートナー https://evdays.tepco.co.jp/entry/2022/02/01/kurashi1

図1　ソーラーパネルを使った太陽光発電

図のようにソーラーパネルには、n型半導体とp型半導体が張り合わされて導線とつながっている。ソーラーパネル（太陽電池）に光が当たるとn型に電子（−）が、p型には正孔（+）が集まって、プラス極とマイナス極ができる。そうすると電子（−）が導線を伝わって正孔（+）に移動し、電気が発生する。太陽電池は、一般的な電池ではなく太陽光のエネルギーを使う発電機のこと。

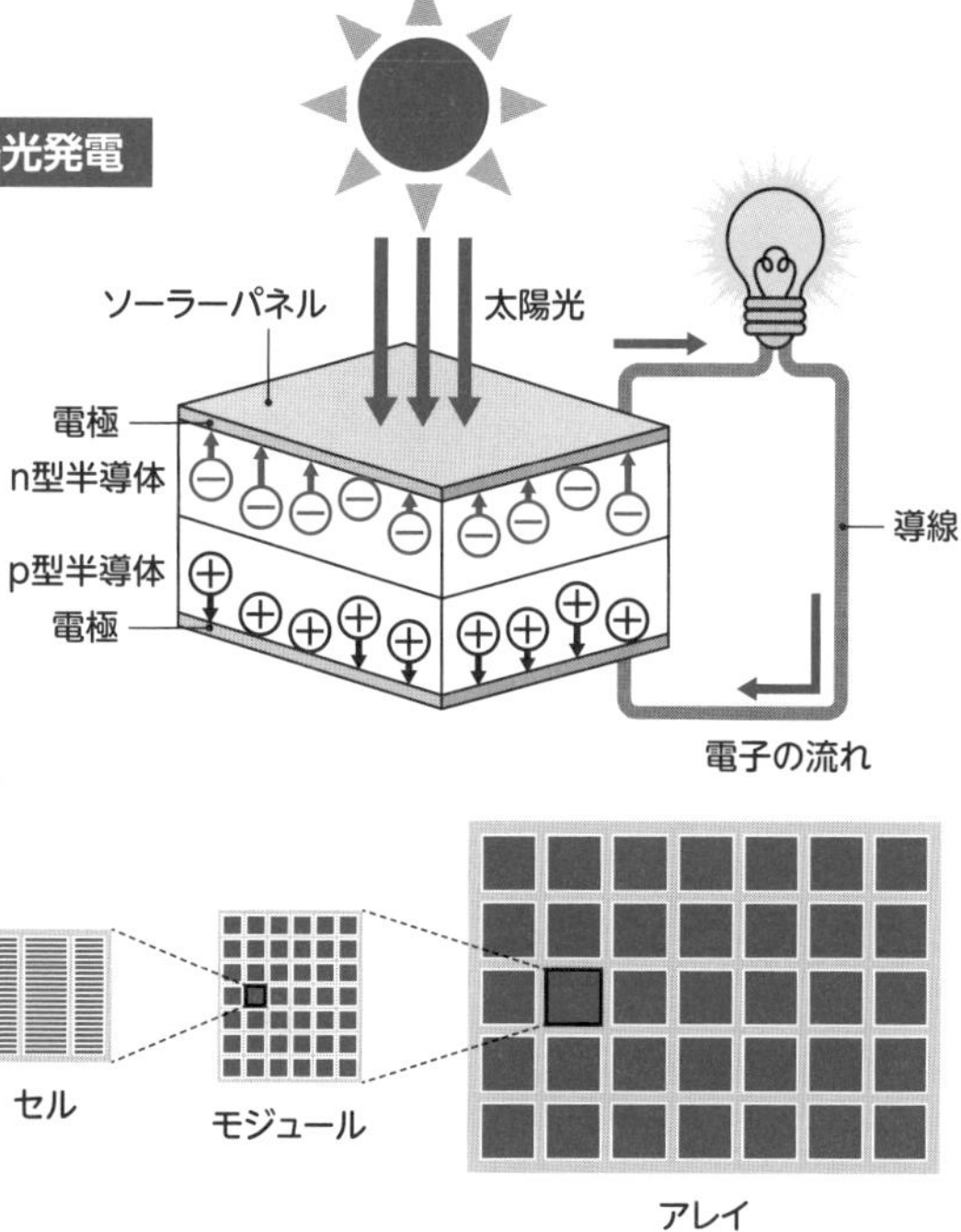

図2　セル、モジュール

太陽電池の最小単位が「セル」、セルを多く組み合わせてパネル上にしたものが「モジュール」、「アレイ」は複数のモジュールを並列および直列に結線し、台の上に設置したもの。

セル
モジュール
アレイ

満に規制）だそうですが、東京電力によると、**一般家庭の電気使用量が年間平均4300kWh**とのこと。ということは、先に記したシステム容量1kW当たり年間1000kWhであれば、**4・3kW分のソーラーパネルが必要**となるわけです。

ただし、これはあくまでも目安、気候条件や季節、ソーラーパネルの能力や劣化によっても発電量が変動します。加えてソーラーパネルのメンテナンスや寿命、リサイクルや廃棄の問題も考えておかなければならないようです。

半導体はいまや経済安全保障にとっても重要なものになっておるのう。1980年代まで、半導体の製造は日本の代表的な産業で、世界の50.3%を占めていたのに、2022年（令和4年）では6.2%に激減しておるというぞ。
ただし、まだ捨てたものではない。半導体製造装置や半導体材料の分野では世界トップクラスにおる。経済産業省は「半導体・デジタル産業戦略検討会議」を立ち上げて、半導体産業の後押しをはじめたというし、まぁ、これからオールニッポンで巻き返しを図ろうというわけだ。

07 水素からどうして燃料電池ができるのだろう？

近未来の有力なエネルギー、水素。二酸化炭素（CO_2）を排出しない「水素社会」は、現実世界へ飛び出そうとしています。その鍵の1つは**「燃料電池」。水素（H_2）と酸素（O_2）で発電し、水（H_2O）のみを排出する電池**です。

マイナス電極で水素イオン（H^+）と電子（e^-）に分離すると、水素イオンは電解質層を伝ってプラス電極へ移動します。そうすると電子は外部回路を伝ってプラス電極へ電流として流れます。プラス電極では外部から供給された空気中の酸素に電解質から流れてきた水素イオンや電子が反応して還元反応が起き、水を生成するのです**（図1）**。

簡単にいうと、**燃料電池の電極に送られた水素と、反対側の電極から導入された空気中の酸素が反応して水と電子（e^-）が取り出され、電流が流れる仕組み**ということです。

燃料電池は、電池の名称が付いていますが、充電した電気を蓄電するものではありません。水素と酸素を化学反応させ、**直接電気をつくる新しい概念の発電装置**です。その能力は、従来の熱機関方式より高い効率を示します。

燃料電池には水素が必要ですが、その製造にも新技術が開発されてきました。これまでの化石燃料由来のLNGやLPG、メタノールなどの**炭化水素を水蒸気と化学反応させ、水素を抽出していた「グレー水素」方式**から、水素製造工程に新技術を使って**CO_2排出を抑えた「ブルー水素」方式、**太陽光発電や風力発電を使った製造工程で**CO_2を排出しない水素「グリーン水素」方式**へと技術は進展してきたのです**（図2）**。

実際、カーボンニュートラルを視野に、水素エネルギーの利用に取り組む企業も増え、究極のエ

本文＆図参考：資源エネルギー庁　https://www.enecho.meti.go.jp/about/special/johoteikyo/suiso_tukurikata.html
燃料電池実用化推進協議会　https://fccj.jp/jp/aboutfuelcell.html
中国電力　https://www.energia.co.jp/energy/general/newene/newene3.html

コカーとして燃料電池自動車（FCV）も開発されてきました。現在の累計販売台数は約4000台ともいわれます。今後の水素需要量の拡大のためには、水素ステーションの拡充と安価な水素供給など利便性が求められます。その先に見えるのは、水素をつくって燃料とし、そこから発生する水からまた水素をつくる、という再生循環の永久機関なのかもしれません。

図1　燃料電池の仕組み

製造した水素ガスを燃料電池の本体へ送ると、マイナス電極で水素イオン（H^+）と電子（e^-）に分離。水素イオンは電解質層を伝ってプラス電極へ移動。そうすると電子（e^-）は外部回路を伝ってプラス電極へ電流（直流電流）として流れる。プラス電極では外部から供給された空気中の酸素が、電解質から流れてきた水素イオンや電子が反応し、還元反応が起こって水を生成する。

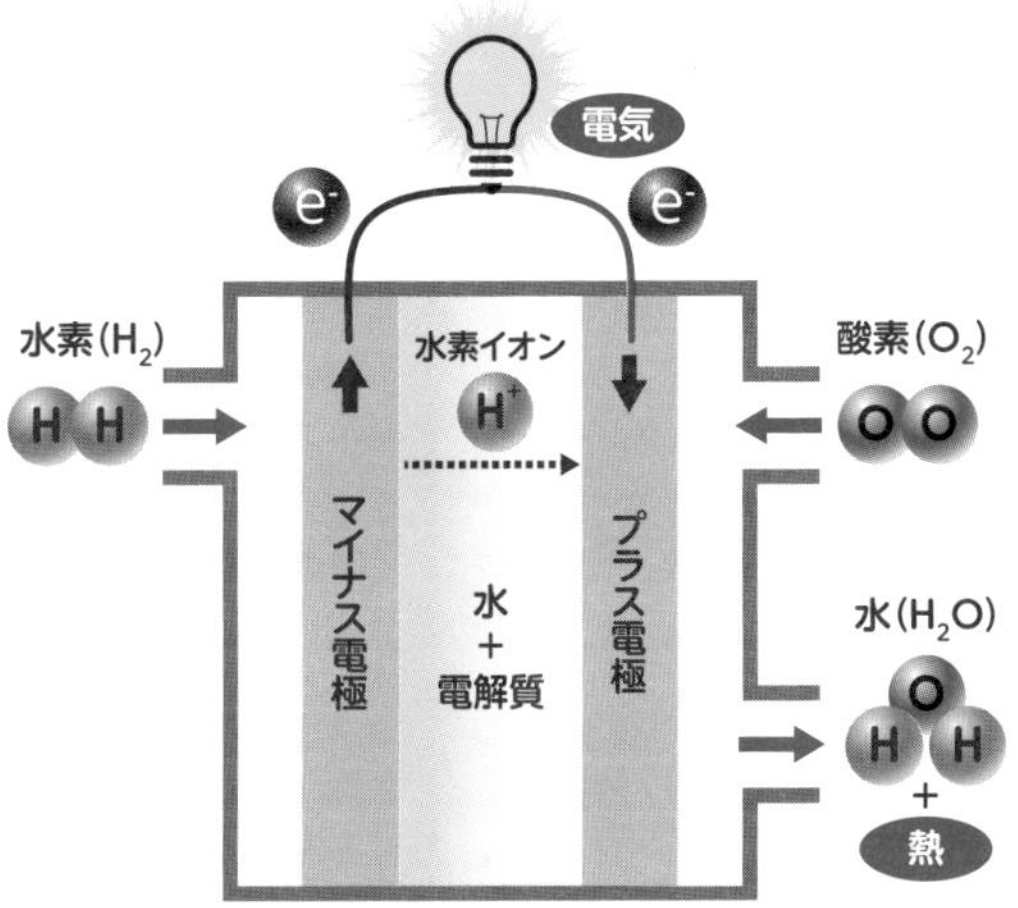

電気
e-
e-
水素(H2)
H H
水素イオン
H+
酸素(O2)
O O
マイナス電極
水
+
電解質
プラス電極
水(H2O)
O
H H
+
熱

資料：環境展望台　https://tenbou.nies.go.jp/science/description/detail.php?id=4

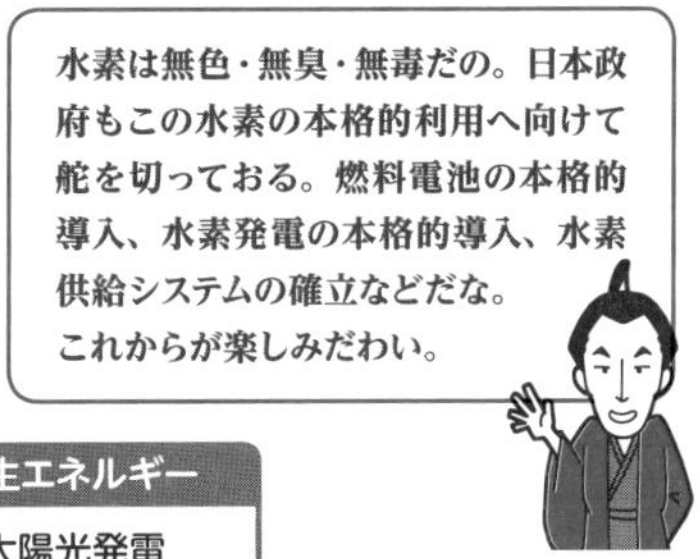

水素は無色・無臭・無毒だの。日本政府もこの水素の本格的利用へ向けて舵を切っておる。燃料電池の本格的導入、水素発電の本格的導入、水素供給システムの確立などだな。
これからが楽しみだわい。

図2 燃料水素の区分け

化石燃料
石炭
天然ガス
化石燃料
石炭
天然ガス
再生エネルギー
太陽光発電
風力発電
CO2
排出
CO2
回収・貯留・
利用
水
電解槽
グレー水素
ブルー水素
グリーン水素

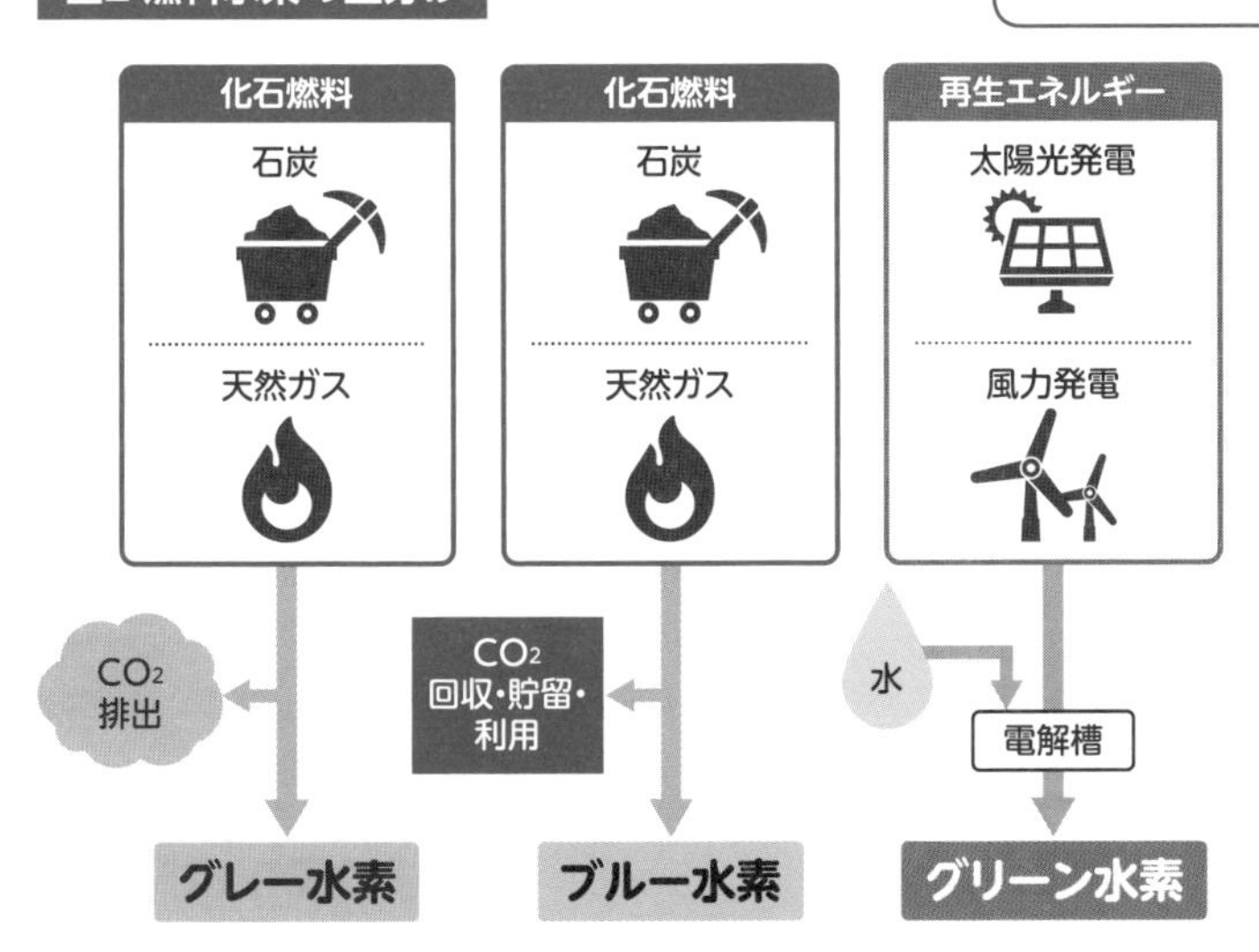

08

テレビはどんな仕組みで画面が映るのだろう？

2019年（令和元年）から放映されているアニメ『Dr. STONE』は、全人類が謎の現象で一瞬に石化し、その3700年後、ある科学少年が友人と文明をゼロから築き上げていくという壮大な物語です。この物語の「科学の眼」放映回では、レーダー&ソナーをつくる際に「ブラウン管テレビ」の話が出てきます。実際にも**テレビは、このブラウン管から歴史がはじまった**わけです。

テレビは、テレビカメラで写した映像を電気信号に変え、テレビ局のアンテナから電波として送信し、それを家庭のアンテナが受診して受像機、つまり画面に映し出すわけです。

また、カラーテレビ画面には、R赤、G緑、B青の光が一組になって並び、明るさを変えて色を出します。光の三原色です**（図1）**。仕組みは、まず**3色1組を左上から右へ順繰りに点滅させ**ます。**点滅する「点」の集合した「行」が走査線。この走査線を奇数行、偶数行と1行おきに60分の1秒の速さで画面下へ順番に上から走らせる。**これは**60分の2秒で1枚の画像を送ることになる**わけです。**テレビは、こうした方法で1秒間に約30枚の画像を送って動画としている。**なんともパラパラ漫画によく似たり、ですね。

ただし、画面の鮮やかさは、水平画素数、垂直画素数（走査線）の数によってまったく変わります**（図2）**。画像には画素数と解像度という言葉がよく使われますが、**画素とは画像の最少単位（ピクセル）のことで、画素数とはその数を表し、解像度とは色情報を持つ1インチ当たりのピクセルの密度を表すもの**です。

ところで、ブラウン管テレビのアナログ放送は2011年（平成23年）に終了し、LCD液晶テ

本文&図参考：キャノンサイエンスラボ・キッズ　https://global.canon/ja/technology/kids/pdf/m_01_09.pdf
EPSON　https://www.epson.jp/prod/semicon/products/display_controllers/about_displaycontrollers2.htm

図1　カラーテレビの三原色

RGB（Red赤・Green緑・Blue青）の光の三原色の組み合わせで色をつくる。

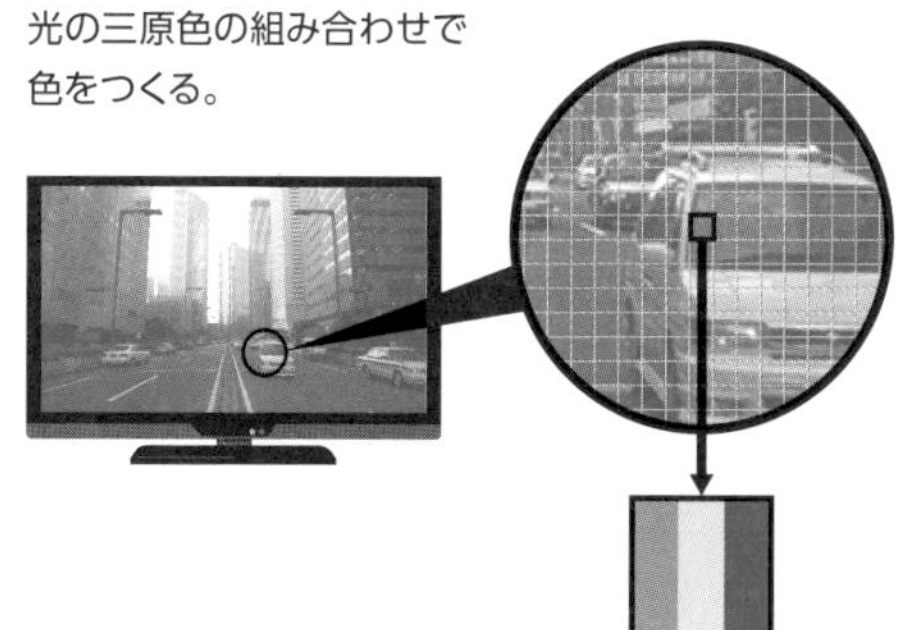

図2　テレビ画面と画素数の違い

現在のテレビ画面の主流はTFT（薄膜トランジスタ）液晶パネルだが、大型テレビでは有機ELテレビが、次世代テレビとして注目されている。液晶テレビはバックライト（以前は冷陰極管が使われていたが、現在はLEDが多い）を光源に画面の明度を調整するが、有機ELテレビは有機物の発光を利用して画面の明るさを調整する。バックライトの光源がないためコントラストの鮮やかな画面となり、本体もより薄型となる。

	フルハイビジョンテレビ	4Kテレビ	8Kテレビ
水平画素数	1920	3840	7680
垂直画素数	1080	2160	4320
総画素数	約207万画素	約829万画素	約3318万画素

レビのデジタル放送に完全に切り替わりましたが、そのアナログとデジタルの違いとはなんなのでしょう。**アナログ放送は、テレビに流す情報を「連続の量」として処理し、電波を波のまま送信する方式**です。一方、**デジタル放送は、0と1で構成されるデジタル信号で情報を送る方式**です。

アナログとデジタルを時計に置き換えて比較すると、アナログ時計は、1秒1分と「連続する情報を目で見える量で表すもの」ですが、デジタル時計は「連続する情報を段階的に切り取ったもの」となります。つまり、**デジタルは数字をまとめることができるため、短時間で情報量の集積が可能**となるというわけです。

それにしてもテレビ画面の鮮明化技術は進歩し続けています。いまでは4Kや放送番組は少ないものの4Kの4倍の解像度といわれる8K画面を楽しめるようになっているのです。

リモコンはどうして遠隔操作ができるのだろう？

何気なく使っている言葉「リモコン」、この言葉はリモートコントローラ、またはリモートコントロールの略。日本語では遠隔操作ですね。長過ぎてふだん使うのに不便。で、短縮されてリモコンになったのでしょう。そんな短縮語はたくさんあります。

さて、多くのリモコンはボタンを押すと赤外線が発射され、対応している機器の電源ON・OFFが反応します。目に見えない光、**赤外線は人が目にしている可視光のうちの赤色の外側に位置する電磁波**です。**電磁波は周波数によってγ線（ガンマ）・紫外線・可視光線・赤外線・電波などに変化**します。

電磁波で遠隔操作するリモコンですが、電波の周波数帯の違いで対応する機器も変わります。周波数帯で割り当てられている機器は**図1**を参照してください。現在、**もっとも使われている周波数帯は2・4GHz帯**。理由は世界標準規格の周波数帯のため、企業の製造する対応機器も多くなり、価格も低くなるためです。

この**周波数帯でよく知られているのは、無線LAN／Wi-Hi（長距離無線通信）やBluetooth（近距離無線通信）、ZigBee（近距離無線通信）**などですね。

ところで、リモコンの電波には赤外線と無線があります。**赤外線リモコンは「IRリモコン」、無線リモコンは「RFリモコン」**と呼ばれます。**赤外線は指向性が強く、障害物に阻まれやすい。無線は指向性がなく、障害物にも阻まれにくい。**そんな特徴があるのですが、無線リモコンは赤外線に比べて部品コストが数倍も高いといわれます。リモコンは長らく赤外線リモコンが主流でし

本文参考：ヘルツ/リモコンまめちしき　http://hertz-e.co.jp/pdf/remote_control_%20knowledge2.pdf
KDDIトビラ　https://time-space.kddi.com/special/it_words/20140515/

たが、無線の利便さで無線リモコンにも注目が集まりました。ですが、どうやらコストが高くなるためなのか、機器によって赤外線、無線と使い分けられているようです。

さて、手持ちのリモコンが、赤外線なのか無線なのか、気になるかもしれません。簡単な見分け方は、リモコンのボタンを押し、電波発射部分が赤く光れば赤外線リモコン、光らなければ無線リモコン。確かめてみるのも面白いかもしれませんね。

スマホなどの設定を開くと、Bluetoothに青いロゴマークが付いているの。あれは10世紀のデンマーク王、ハーラル・ブロタン（ハーラル1世）の異名「青歯王」に由来するらしい。ハーラルはデンマークとノルウェーを平和的に統一した王だぞうだ。つまり、乱立している無線通信規格をまとめ、新しい無線規格で複数の機器をつなぎたいという思いから、平和統一した王にちなんで採用されたのだな。
ところで、最近では信号量が増えて、Wi-FiやBluetooth、ZigBeeのほかにも微弱無線・特定小電力無線・Wi-SUN・LPWA・enOcean・4G/WiMAX（LTE）などの電波が飛び交っているというぞ。現代の生活は電波とともにあるのだのう。

図1 周波数帯による用途の違い

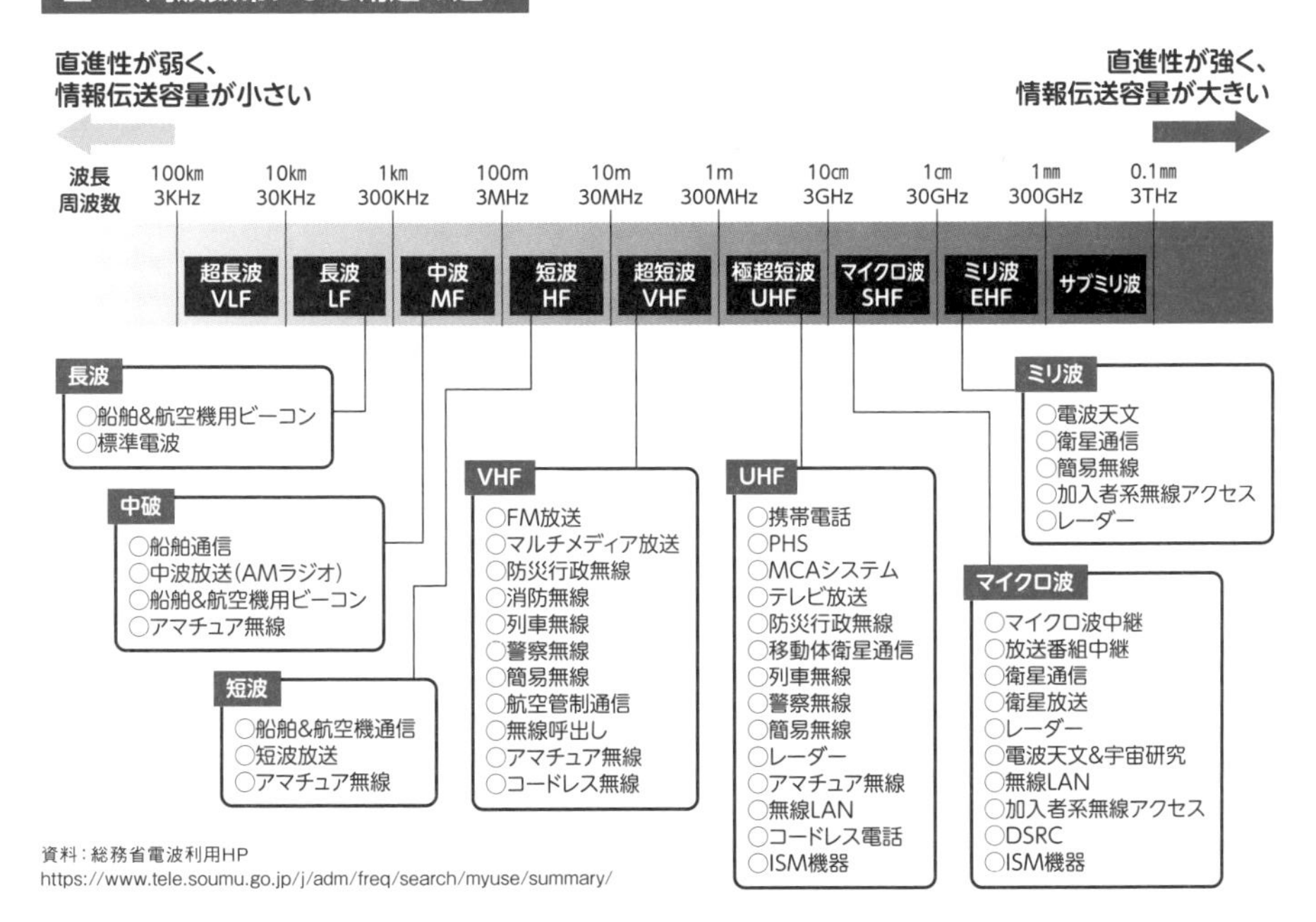

10 ビデオやDVDはどうして録画や再生ができるのだろう？

先にテレビが画像を映し出すのは走査線が動くからだと述べました。この走査線を磁気テープに記憶したのがビデオテープ（図1）。**テープ表面には磁性体が隙間なく塗られています**。**磁性体とは磁石のこと**。テープ表面に何万分の1という磁石粒子が塗られているのです。

映像が磁気テープに記憶されるのは、**走査線の情報が電気信号になって磁石のSおよびNの情報に換えられ、テープの磁性体に残るから**。音も同じ仕組みで記録されます。再生では、**再生ヘッドが磁性体に記憶されている電気信号を読み取り、映像や音声を再現**します。ビデオはVHS方式とベータマックス方式が開発され、販売にしのぎを削ったのですが、最終的にVHS方式が勝利し、統一規格となりました。

といっても、録画の**記録再生装置は、アナログ信号を使うビデオテープからデジタル記録装置**に変わっていきます。USBメモリーやメモリーカードほか、**光ディスクと呼ぶCD（コンパクトディスク）・MD（ミニディスク）・DVD（デジタル多用途ディスク）・ブルーレイディスクに移り変わっていきます**が、ここでは、その中のDVDを取り上げてみましょう。

DVDは、CDと同じ直径12㎝、厚さ1・2㎜の大きさです。異なるのは圧倒的な記録容量の大きさ。**CDの700MBに比べ4・7GB（片面1層記録）とほぼ7倍**もあります（図2）。さらにすごいのは、**片面2層にすると8・5GB、両面2層なら17GB**もの大容量を記録できることです。

DVDの仕組みはCDと同じ原理で、**ディスクの内面に並んだ数μ（マイクロ）mの極小の点**

本文＆図参考：Gakkenキッズネット　https://kids.gakken.co.jp/kagaku/kagaku110/science0449/
キャノンサイエンスラボ　https://global.canon/ja/technology/s_labo/light/003/06.html
ほぷしい　http://www.isl.ne.jp/it/dvd/DVD_ROM.html

（ピット）を利用して記録されたデータにレーザー光を当て、反射光を読み取って記録を再現するものです。反射光は、ランド部分で明るく、ピット部分では暗くなるもので、その明暗の差がデータとなって再生されるわけです。

あらゆる機器にデジタル技術が使われるようになった時代では、さらに新たなアイデアによる製品の開発も期待されることでしょう。

アメリカがVTR（ビデオテープレコーダ）を発明したが、家庭用に開発したのは日本の企業だ。ビデオ再生装置の規格でVHSとベータマックスが争い、最終的にVHSが勝利を収めたのう。VHSを開発した日本ビクターが、当時の松下電器松下幸之助に、業界を「VHS」に統一するよう直訴し、松下幸之助に「ベータマックスは100点満点、VHSは150点」といわしめた逸話が残っているぞ。

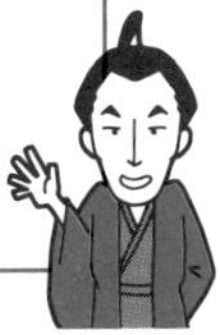

図1 ビデオカセット

1970年代後半に日本に登場し、80年代に爆発的に流行したビデオカセットテープ。写真はVHSカセットテープ。

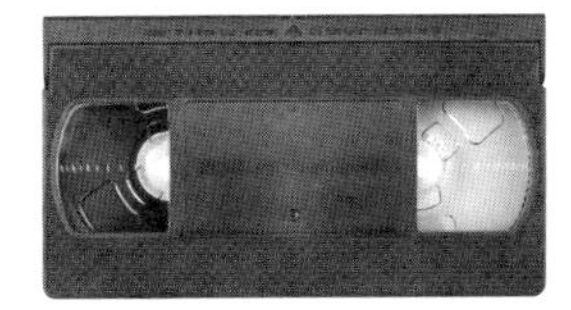

図2 CDとDVDの構造の違い

CDの記録容量が650～700MBだが、DVDは片面1層で4.7GB、片面2層なら8.5GB、両面2層では17GBの大容量光ディスク。

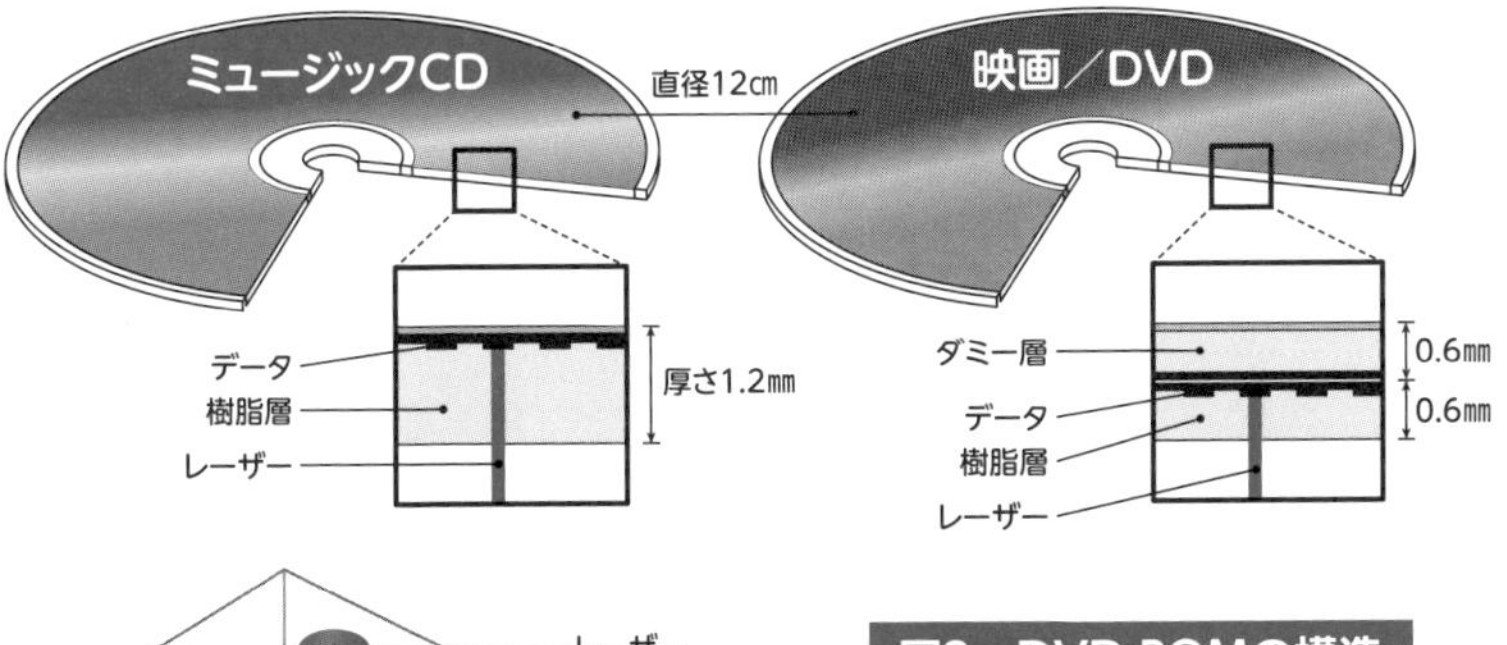

ミュージックCD
直径12cm
映画／DVD
データ
樹脂層
レーザー
厚さ1.2mm
ダミー層
データ
樹脂層
レーザー
0.6mm
0.6mm

レーザー
樹脂層
ランド
ピット
反射層(レイヤー0)
反射層(レイヤー1)
保護層
接着面

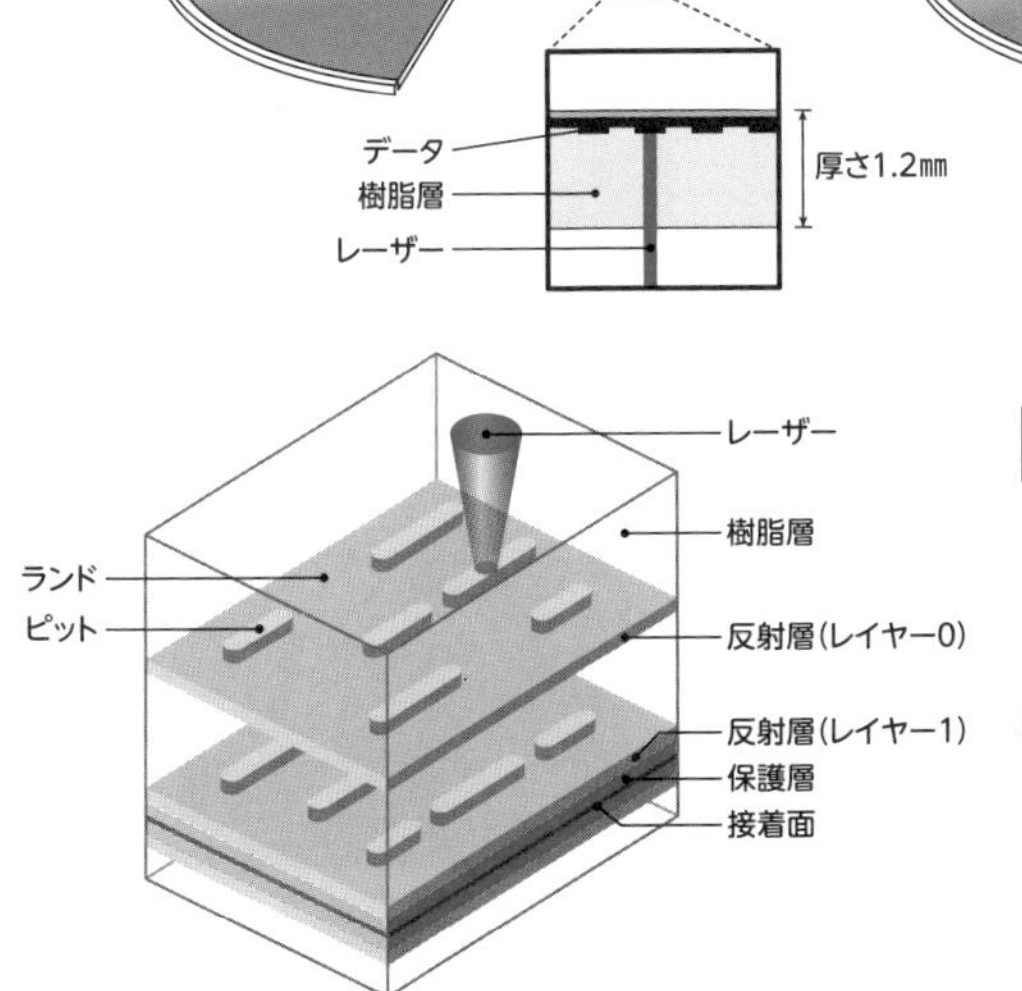

図3 DVD-ROMの構造

ROMは「Read Only Memory」の略で、主にパソコンの読み取り専用のDVD。DVD-ROMは市販されているDVD-Videoの1種類で、映像データを記録した光ディスク。DVD- ROMは書き込み不可で、似た名前のDVD- RAMは書き換え可能な光ディスク。

11 冷蔵庫はどうして庫内を冷やせるのだろう？

昭和30年（1955年）代初期、電気冷蔵庫、電気洗濯機、白黒テレビが「三種の神器」と呼ばれ、憧れの家電となって普及していきました。中でも冷蔵庫は高温多湿の夏を乗り越えなければならない日本人にとって、贅沢品というより必需品だったのかもしれません。その電気冷蔵庫とは、いったいどんな仕組みで庫内を冷やすのでしょうか（**図1**）。

冷蔵庫の庫内を冷やすには冷媒が必要になります。冷媒をコンプレッサー（圧縮機）で圧縮して高温・高圧の気体にし、その気体をコンデンサー（凝縮器）に通して中温・高圧の液体にします。このときに熱が庫外に放出され、次に冷媒を液体から低温・低圧に戻して気化すると、周囲の熱が奪われ冷気が発生します。その冷気をファンで庫内へ戻して冷却する、というわけです。つまり、**圧縮と蒸発熱を使った熱サイクルで冷却する仕組み**なのですね。

また、最近の省エネ冷蔵庫は、コンプレッサーの回転制御がきめ細かくなっています。扉を頻繁に開閉しなければ節電が始動するように設計され、機能のアップした真空断熱材と発泡断熱材を併用することで断熱効果を上げます。つまり、消費電力が下がるわけです。

ところで、冷蔵庫を冷やす冷媒や断熱発泡剤が、世界的に大きな問題となったことがありました。冷媒などは、初期のアンモニアから蒸発と凝縮を繰り返す作動流体として特定フロンが用いられるようになりました。ですが、**フロンは成層圏へ到達し、オゾン層を破壊することで紫外線が強烈になって、白内障や皮膚がんなどの原因になる**ことが判明（**図2**）。そのためモントリオール議定書

●アンモニア：化学式NH_3
●クロロフルオロカーボンCFC：化学式CCl_2F_2,$CClF_2$-$CClF_2$
●イソブタン：化学式C_4H_{10}
●シクロペンタン：化学式C_5H_{10}
※N：窒素　H：水素　C：炭素　Cl：塩素　F：フッ素

本文&図参考：日本電気工業会　https://www.jema-net.or.jp/Japanese/ha/eco/g03_01.html

（1987年）によって、世界的に削減スケジュールが決められたのです。**日本では1995年（平成7年）に特定フロンの製造が禁止**されました。**特定フロンとは、塩素がオゾンと反応してオゾン層を破壊するクロロフルオロカーボンCFCのこと**。そこで冷媒と断熱材発泡剤にフロンを使わないノンフロン冷蔵庫が登場しました。**冷媒にイソブタン、断熱材発泡剤にシクロペンタンなどが使用**された冷蔵庫です。

何かの発明は、何かの不都合を伴うことが往往にしてあるようです。ですが、問題が生じれば解決へと科学が動き出す。こうして人間は、一歩一歩前進しているのかもしれません。

図2 フロンがオゾン層を破壊

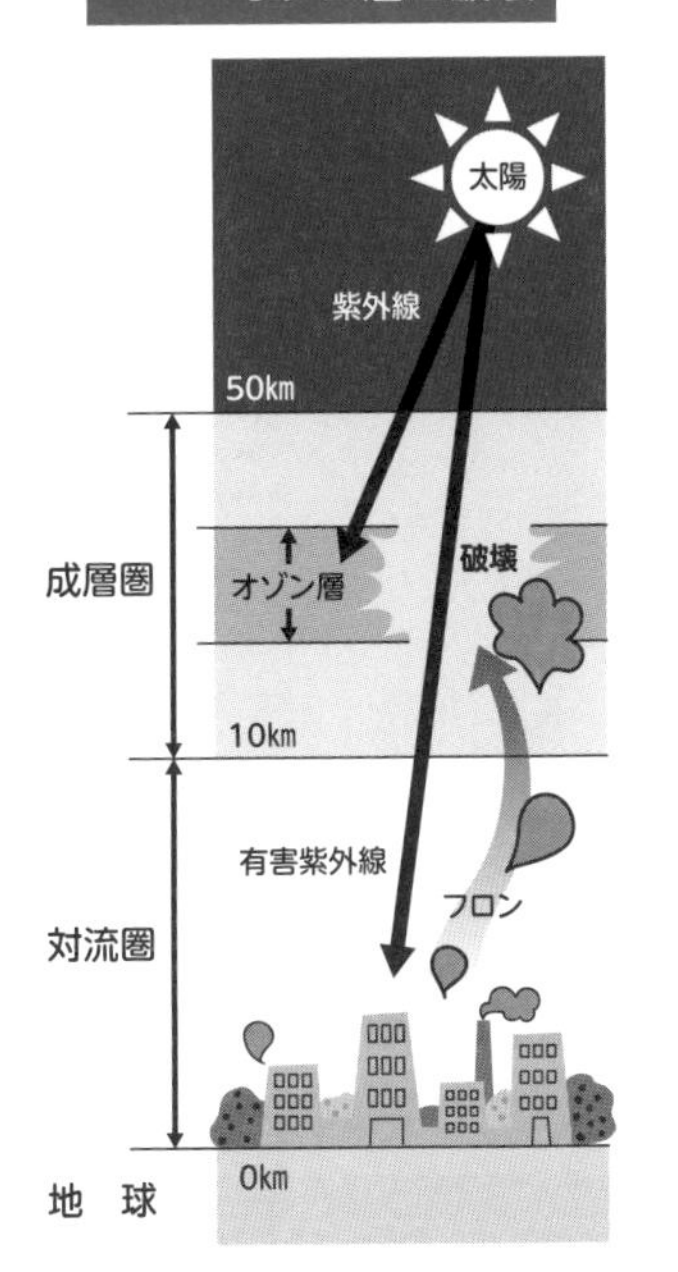

図1 冷蔵庫が冷える仕組み

①圧縮機で冷媒を圧縮し、高温・高圧の気体とする。②その気体を放熱器に通し、冷媒を中温・高圧の液体にする。③液体の冷媒を低温・低圧の気体に戻して気化すると周囲の熱を奪って冷気が発生。この冷気をファンなどで庫内へ注入する。④冷気（冷媒）はまた圧縮機に戻され、その熱サイクルが繰り返される。

キャピラリーチューブ（毛細管）
③気化
熱
気体
液体
②放熱器
熱
圧縮機
④
①

フゥム、冷蔵庫のはじまりは1834年のことで、アメリカのヤコブ・パーキンス（1766-1849年）が発明した圧縮式の冷凍機（製氷機）だという。家庭用電気冷蔵庫第1号の製造も1918年のアメリカのケルビネーター社だ。

我が日本では明治の後半に氷箱が登場したな。氷式冷蔵庫で木製の家具調だ。上段に氷を入れ、下段に入れた食材を冷やす仕組みで、庫内にはトタンを張って断熱するのだな。

いまでも氷式の木製冷蔵庫を製作している会社があるぞ。庫内が乾燥しなくていいと、使っている鮨店や料理屋があるというからのう。

昔の氷式木製冷蔵庫
世田谷デジタルミュージアム所蔵

12 エアコンはどうして室内を冷暖房できるのだろう？

高地や寒冷地でない限り、エアコン（エアコンディショナー）は必需品ですね。その**エアコンが、室内の空気を冷やしたり温めたりするには、気体を圧縮すると温度が上がり、膨らむと温度が下がる特性を生かして冷房・加熱するヒートポンプ技術が欠かせません**。

では、まず冷房についてです（**図1**）。エアコンはご承知のように**室内機と室外機が合わさって機能を果たします**。まず室内機の熱交換器が室内の空気熱を集め、冷媒に乗せる。冷媒は室外機に送られ、コンプレッサー（圧縮機）が圧力を掛け高温にする。高温になった冷媒は室外機の熱交換器を通り、ファンによって熱を戸外へ放出する。熱を放出した冷媒は減圧機によって低温となり、低温の冷媒は室内機に送られる。低温となった冷媒は熱交換器を通って室内に冷風を吹き出す（冷房）、という仕組みです。

暖房（**図2**）はその逆の動きをするものです。室外機の熱交換器が外気の熱を集め、冷媒に乗せる。冷媒は圧縮機に送られ、コンプレッサーが圧力を掛け高温にする。高温になった冷媒は室内機の熱交換器を通り、室内に温風を吹き出す（暖房）。

熱を放出した冷媒は室外機に送られ、減圧機によって低温になる。低温の冷媒は室内機に送られる。低温となった冷媒は室外機の熱交換器でまた外気の熱を集める。その循環の繰り返しですね。

エアコンが冷房する仕組みは、冷蔵庫によく似ています。ということは、冷媒問題が生じるわけです。冷蔵庫の項でも述べましたが、特定フロン（クロロフルオロカーボンCFC）が製造を禁止されたことで、エアコン業界でもオゾン層を破壊しない代替フロンが使われるようになった。水素

●クロロフルオロカーボンCFC：化学式CCl_2F_2,$CClF_2$-$CClF_2$
●ハイドロフルオロカーボンHFC：化学式CH_3CHF_2
●ハイドロクロロフルオロカーボンHCFC：化学式$CHClF_2$
●ハイドロフルオロカーボンHFC・R32：化学式CH_2F_2
※C：炭素　Cl：塩素　F：フッ素　H：水素

本文&図参考：HITACHI　https://kadenfan.hitachi.co.jp/support/ra/q_a/a19.html
エアコンの発明　https://nazology.net/archives/112354

原子を含むハイドロクロロフルオロカーボンHCFC、ハイドロフルオロカーボンHFCなどです。ところが、まだ問題がある。これらの化学物質はCO_2より温室効果があるからです。そこで**いま使われているのは、HFC類の中でも地球温暖化に影響がもっとも少ない冷媒R32**です。**R32は単一成分からなる冷媒のため冷媒機能が安定している**そうです。おそらく、今後も研究が促進され、無害で有用な冷媒や冷媒代替物が開発されていくのでしょう。

エアコンの発明者はアメリカの技術者ウイリス・キャリア（1876～1950年）だな。ウイリアムは印刷会社工場内の湿度を抑える機械製造を依頼されたので、熱気を吸引した空気を冷媒の注入したコイルパイプに通し、空気中の水分を飛ばして湿度を下げ、室内に戻す仕組みを考えた。冷媒を変えると加湿も可能になるので「空気調節器」にもなった。1906年に「Apparatus for Treating air」（空気取扱装置）として特許を取得したそうだ。
後日談があっての、この機械を工場内に設置すると休憩時間に工員たちが、機械の傍に集まるようになった。涼しかったのだな。室内を冷やすクーラーになったというわけだのう。

図1　エアコンが冷房する仕組み

室内の空気熱を室内機の熱交換器が集積して冷媒と混合⇨冷媒は熱交換器で室外機の圧縮機へ⇨冷媒は圧力を掛けられ高温に⇨高温の冷媒は室外機の熱交換器へ⇨ファンで戸外に熱放出⇨熱を放出した冷媒は減圧機で低温に⇨低温の冷媒は室内機へ⇨低温の冷媒は熱交換器で通って冷風を室内に吹き出して冷房。

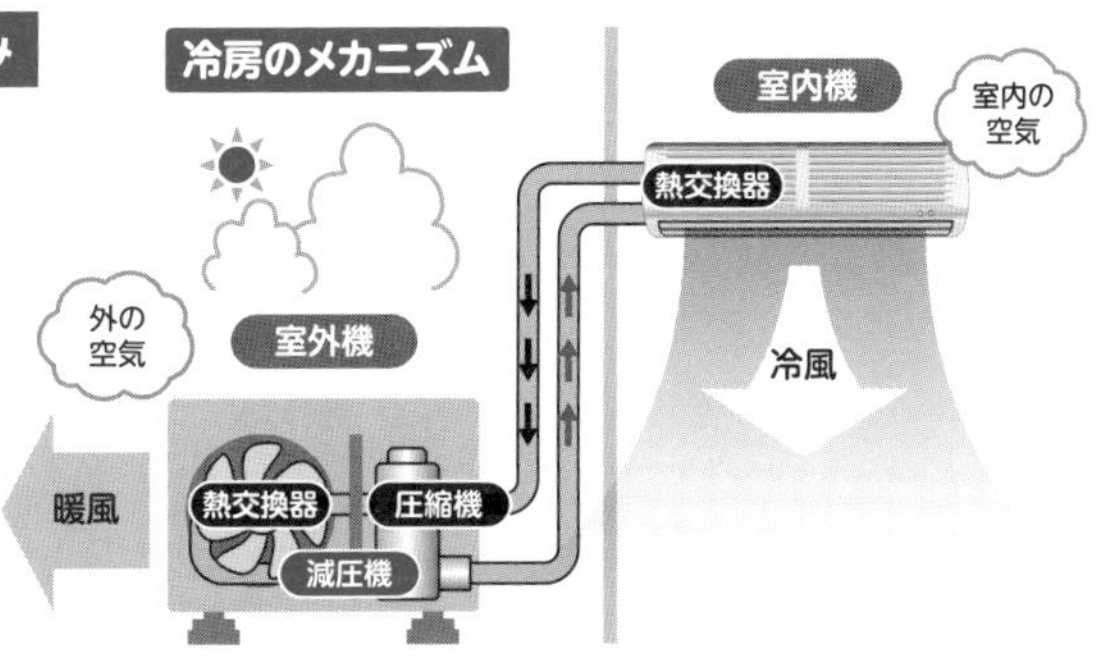

図2　エアコンが暖房する仕組み

室外機の熱交換器が外気の熱を集めて冷媒と混合⇨冷媒は圧縮機へ⇨冷媒に圧縮機が圧力を掛け高温に⇨高温になった冷媒は室内機の熱交換器へ⇨熱交換器を通った高温の冷媒は室内に温風を吹き出し暖房。

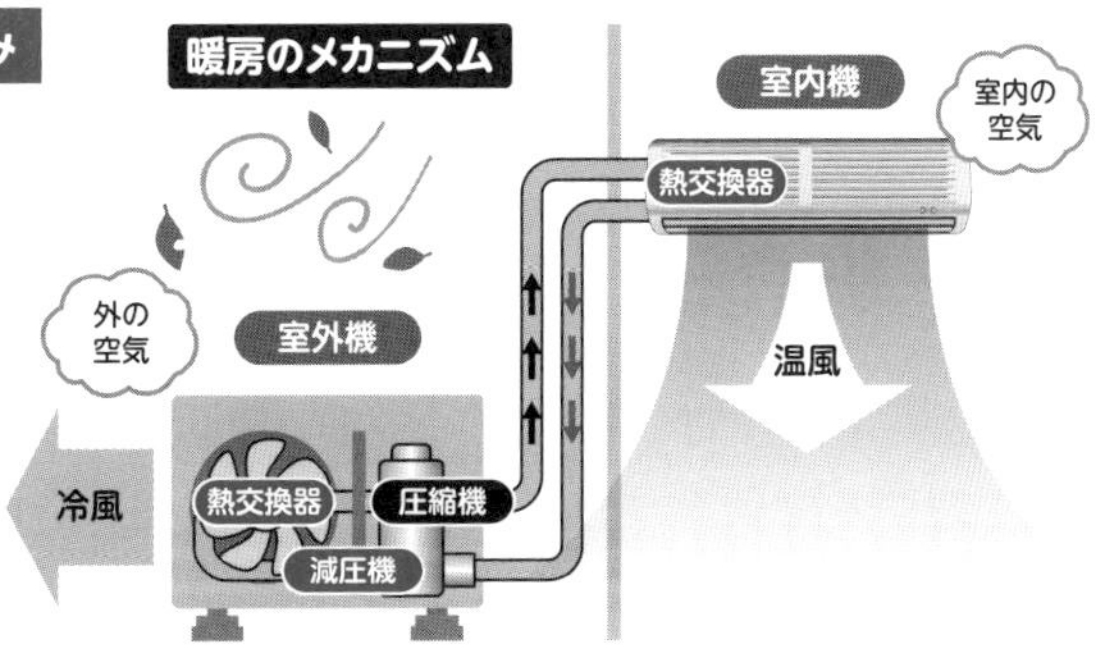

13

デジタルカメラはどうして写真を写せるのだろう？

道を歩くとスマートフォンで写真を撮っている人を多く見かけます。でも、本格的に被写体に肉薄しようとするなら、それなりのカメラが必要ですね。そんなカメラは、いまやデジタルカメラ（以後デジカメ）。そのデジカメは、仕組み（**図1**）がどうなっているのでしょう。

デジタル画像は、着色した細かい画素（画像の最小単位＝ピクセル）の集合体です。**1インチに入るピクセルが多ければ多いほど鮮明な画像**になりますが、その**密度を表す単位はdpi**（**図2**）。要するに、画素数が少なければ画像は粗く、多ければクリアな画像になるということです。1990年代には20万～30万ほどの画素数だったのが、いまの一眼レフデジカメの画素数は2000万～2400万、高画素モデルでは4200万～5000万といいますから、どれほど鮮明な画像なのかと目を疑います。

デジタルデータは、すべて数値列です。コンピュータ処理の可能な0と1の二進法に書き換えられたデータ形式ですね。デジカメの画像保存であれば、JPEG形式、TIFF形式、RAW形式など。こうした形式で数値列データがデジタル化されるようになったので、デジタル画像の精密な複製と加工ができるわけです。

色の違いは、画素の数値0から255で決められます。モノクロ画像を例にしてみましょう。画像は白黒の濃淡の画素数値データで表されます。**画素0値は真っ黒な色、255値は真っ白な色**です。人の顔なら、髪の毛の色、肌の色の濃淡の差を、0から255の画素数値でデータ化するというわけです。

カラー画像は、「光の三原色／赤・緑・青」の

本文＆図参考：YuYu-Log　https://yuyu-log.com/imaging01/
ランク王　https://rank-king.jp/article/7727

図1 デジタルカメラの仕組み

レンズが被写体から光を集め、光を電気信号に変換する半導体センサーCCD（電荷結合素子）などの「撮像素子」に映像を結ぶ。記録メディアがメモリーカードなどにデジタルデータとして記録。フィルムの代わりに撮像素子（CCDなど）が画像を電気信号に変換。画像処理エンジンが画像をデジタルデータに変換し、種々の画像処理を行う。

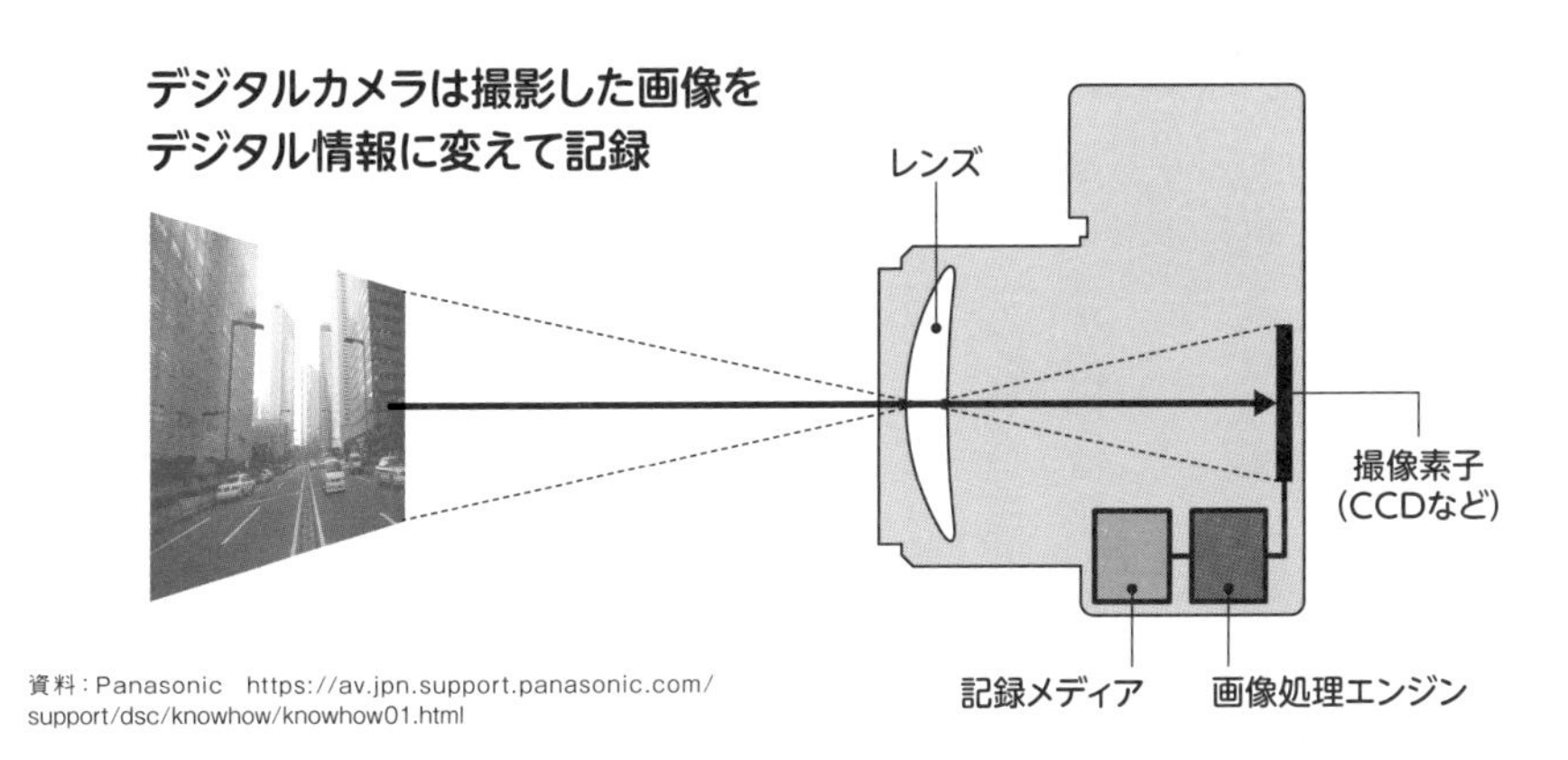

資料：Panasonic　https://av.jpn.support.panasonic.com/support/dsc/knowhow/knowhow01.html

図2 画素数による解像度の違い

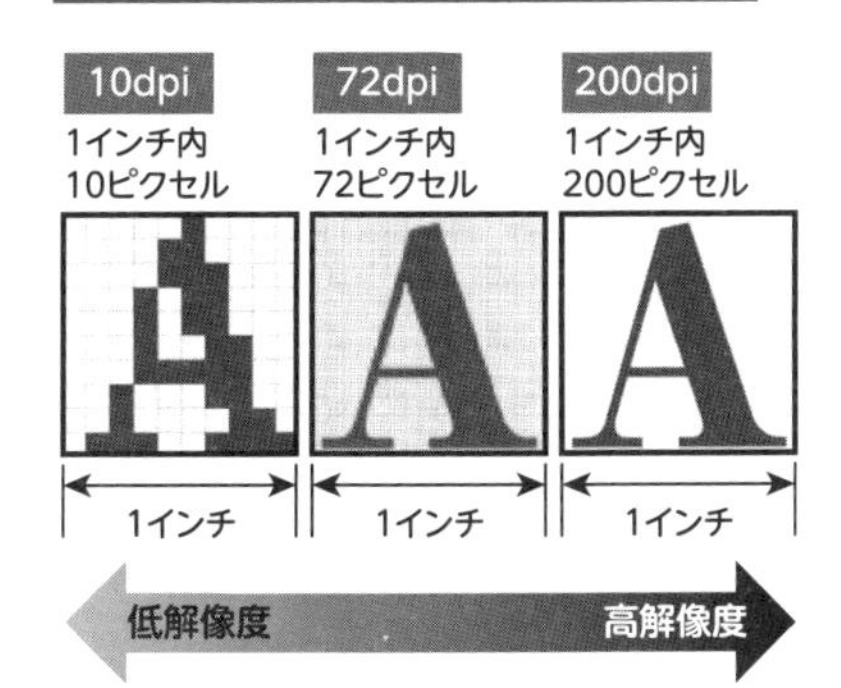

色情報で表されるので、1画素に3色分のデータを持つことになります。白黒データの3倍ですね。といっても、画像の鮮明さが画素数の多少で決まることは同じです。

デジカメは、こうした仕組みで画像を保存するのですが、まずは撮影しなければはじまりません。そこで**シャッターを切る**。すると**デジカメ内のセンサーが光を感知し、デジタル信号に変換する。その映像情報を数値化して保存**している、というわけです。

カメラのルーツは紀元前4世紀まで遡るというぞ。「カメラ・オブスキュラ」という装置だ。真っ暗な部屋の壁に光が通る小さな穴を開ける。陽の光が差し込むと反対側の壁に外の景色が逆さまに映される。カメラの原理だのう。それがいまやデジタルカメラとなり、最高級一眼レフは5000万画素数だという。驚くべき鮮明度だわい。

14 電子レンジはどうして加熱できるのだろう？

日本で「チン！」といえば、電子レンジの代名詞なようなものですが、アメリカでは「Zap!」というそうです。

電子レンジのエネルギー源はマイクロ波（電磁波の一種）です。発明したアメリカでの正式名称はMicrowaveですから、「なるほど電磁波だ！」と納得するかもしれませんね。**電子レンジは周波数帯（バンド）2.4GHz帯の周波数を使っています。テレビやスマートフォンなどと同じ**です。

食品には水分があります。**水分子は水素と酸素が結合したもの**です。水分子は「くの字型」に曲がっているため、わずかに**マイナス極（酸素）とプラス極（水素）に分極した電気双極子**です。電子レンジのスィッチを入れると、**水分子はマイクロ波（高周波）の電界（電場）によって反転しながら振動**します。そうすると**水分子はおのおの摩擦しあって熱が発生**する。これを**電子レンジの誘電加熱（図1）**といいます。つまり、電子レンジが食品の表面だけではなく内部まで熱くするのは、マイクロ波が水の分子を動かすため。まさにMicrowaveなのです。

次に電子レンジの構造を見てみましょう（**図2**）。電子レンジの内部は、ステンレスなどの金属で覆われています。これは電波の反射を上げるためと電波が漏れることを防ぐシールドの役割を持たせるためです。**電子レンジの中枢部は、マグネトロン（磁電管）という磁石を組み込むことで磁界を発生させる特殊な二極真空管**です。先に述べた**誘電加熱は、マグネトロンが発振するマイクロ波が引き起こす**もので、そのときに水分子のプラス極とマイナス極が1秒間に24億5000万回も入れ替わるのです。

本文&図参考：電子レンジのしくみ　https://www.jstage.jst.go.jp/article/bplus/13/1/13_4/_pdf#:~:text
日本電機工業会　https://www.jema-net.or.jp/Japanese/ha/renji/mechanism.html
TDK TECH-MAG　https://www.jp.tdk.com/tech-mag/hatena/032

そんなマイクロ波は食品を加熱するのに、どうして器を温めないのでしょうか。マイクロ波は水分のある物質に吸収されて加熱しますが、水分のない物質（陶器やガラス）は透過するためです。また、金属の器は、反射波がマグネトロンに戻り、電子レンジ内で温度上昇が起こって故障の原因になります。使えない容器は、耐熱性のないガラス・プラスチック・シリコンなどの器、ラップも短時間以外では溶ける危険性があるし、マイクロ波で変質するポリエチレンやメラミンなどの素材も禁止というわけです。

図1　電子レンジの誘電加熱原理

水分子は「くの字型」に曲がっているため、電荷の分布がプラス極とマイナス極に分極した電気双極子。高周波の電界（電場）を加えると、水分子（電気双極子）が反転しながら振動し、その摩擦で熱が発生。

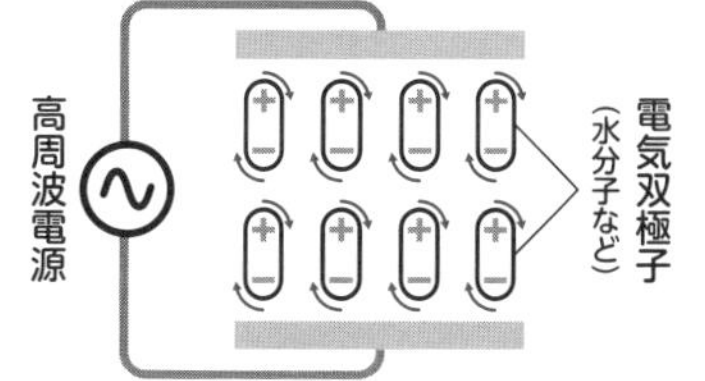

図2　電子レンジの構造

電子レンジは食品内の水分子をマイクロ波で振動させ、その摩擦熱で加熱・調理をする。

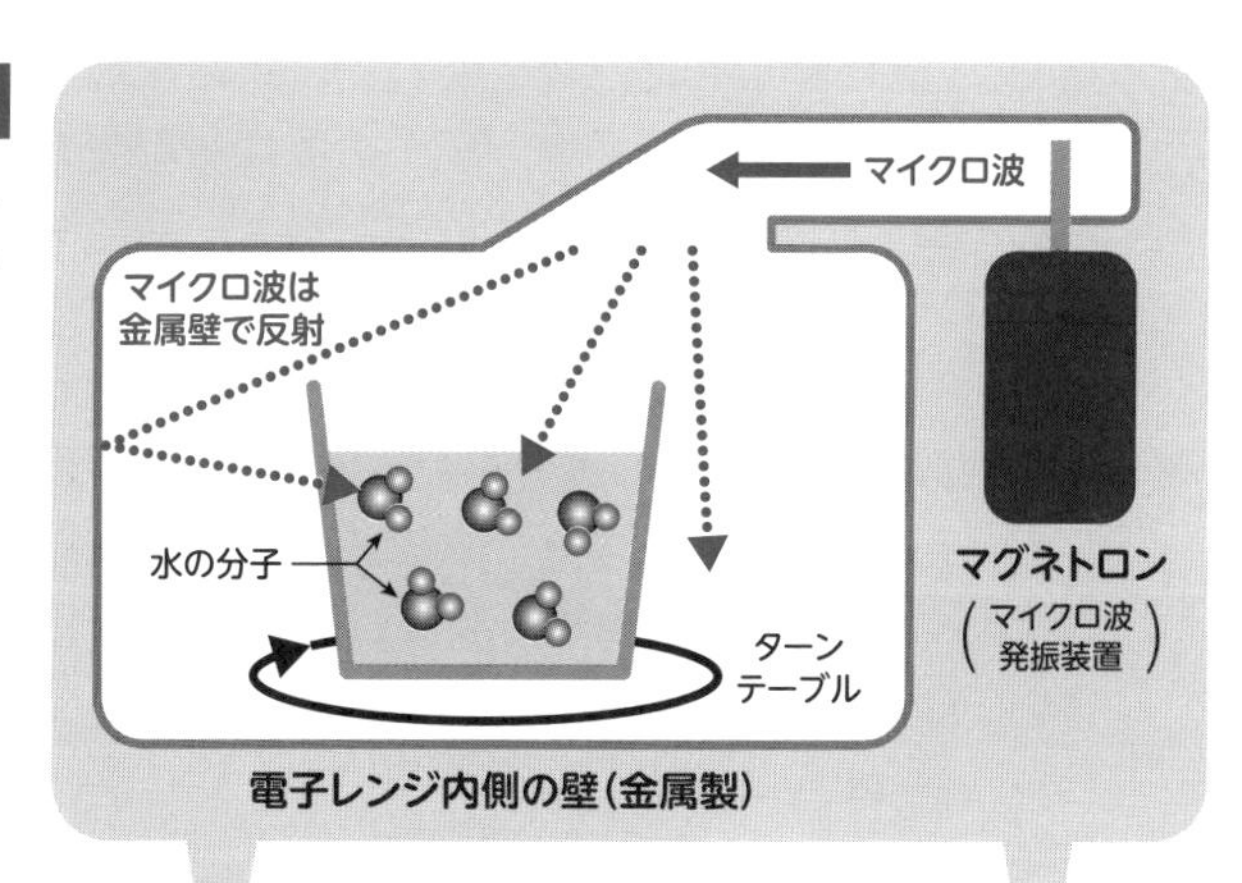

電子レンジは、レーダー用のマイクロ波の研究の汎用から発明（1945年）につながったのだな。マグネトロンの実験中にポケットの中のチョコレートが溶けていることにヒントを得たアメリカのパーシー・スペンサー（1894-1970年）によるというが、どうやら都市伝説で、本当はスタッフの観察の賜物だというぞ。まぁしかし、最初の調理がポップコーンだったというのは、いかにもアメリカらしい。

COLUMN❹

シリコンから ペロブスカイト太陽電池へ

いま、太陽電池の材料としてペロブスカイトに熱い視線が注がれています。ペロブスカイトは、170年以上も前にロシアの鉱物学者レフ・ペロフスキー（1792～1856年）が発見した酸化鉱物の一種、灰チタン石です。この鉱石は独特の結晶構造を持ち、ペロブスカイト薄膜の吸収波長が広く多少の変形にも耐えられます。ペロブスカイト薄膜は塗布技術で簡単に作製できるため、これまでの太陽電池より低価格での製造が可能といいます。しかも、軽量で柔らかいことから、シリコン系の太陽電池では設置が困難な場所にも対応できるそうです。

ペロブスカイト太陽電池は、シリコン太陽電池に遜色のない変換効率を有することもあって理想的な電池のようですが、世界で最初に実用化への提案をしたのは桐蔭横浜大学大学院工学研究科の宮坂力教授で、2009年（平成21年）のこと。宮坂教授は、2013年（平成25年）から科学技術振興機構（JST）の先端的低炭素化技術開発（ALCA）が進める「太陽電池および太陽エネルギー利用システム」の実用技術化プロジェクトに参画し、現在では有機無機ハイブリッド高効率太陽電池の研究開発で世界の研究をリードしていると注目されています。

宮坂教授は、ノーベル賞の有力候補者として評価される「クラリベイト・アナリティクス引用栄誉賞」を2017年に受賞しており、リチウムイオン電池のマイナス極の材料を開発して「ノーベル化学賞」を受賞した吉野彰氏に続き、この分野での受賞が期待されるのです。

東芝の開発したペロブスカイト太陽電池

資料：TOSHIBA https://www.global.toshiba/jp/news/energy/2023/02/news-20230209-01.html

PART5

人、毒と薬を化学で知る

医薬神、大己貴命（おおなむちのみこと）がナビする
医薬と化学の進化の話

人が食べて命を落とした野山の毒とは？

「おい、その食べ物、毒かもしれないぞ！」といわれたら、びっくりして取り落すかもしれない。そんな恐怖におののいてきたのが、人と食べ物の歴史だった、といっても言い過ぎではないでしょう。

化学が発展し、食べ物の成分分析もしっかり行われている現代では、万に一つもそんな危険はないと信じたいところですが、それでも時に人のミスによって、また成分への理解が甘かったために、体に悪く作用する毒素が入らないとは限りません。食中毒はいつだってあり得るのですから、よくよく生産者も消費者も気をつけなければいけない、それが食べ物です。

さて、ではそんな成分分析など知る由もない古代の人は、食料とどう向き合ったのか。

人が誕生して以来、見えるものとして猛獣など、見えないものとして有毒ガスや病原菌。周りは危険だらけでしたが、いちばん大切な食べ物にも危険が潜んでいました。

そんな危険な食べ物とはどんなものだったでしょう。陸生の動植物、水生の動植物とあまたある中で、まずもって**「毒キノコ」（図1）**が想像できます。

人にとっての重要な食べ物の一つに、栄養価の高いキノコがあったことは間違いないでしょう。とすれば、**毒キノコを食してしばしば命を落とした**仲間がいたことは疑問の余地はない。この恐怖は、日本では旧石器時代⇩プレ縄文時代（新石器時代）⇩縄文時代⇩弥生時代と経年しつつも続いていました。ですが、それでも人には「知恵」という武器がありました。**命を落とすたびに経験した衝撃を部族の共通「知識」として蓄え、子孫に**

●ペプチド：消化酵素によってタンパク質が分解され、アミノ酸が複数結合した状態。アミノ酸とは生きものの構成成分タンパク質を生成する有機化合物
●代表的な毒成分α-アマニチン（アマトキシン類）：
化学式 $C_{39}H_{54}N_{10}O_{14}S$ (C：炭素　H：水素　N：窒素　O：酸素　S：硫黄)

も伝えていったのです。

きっと、こうした命と引き換えにしてきた知恵と知識は、人の発展の礎になってきたのでしょうね。

図1 猛毒キノコ御三家と他の毒キノコの一部

ドクツルタケ、シロタマゴテングタケ、テングタケは、テングタケ属に属し、日本では「猛毒キノコ御三家」と呼ばれる。毒成分は、アマトキシン類（8つのアミノ酸が結合した環状ペプチド）・ファロトキシン類（二環式ヘプタペプチド）のほかピロトキシン類・ジヒドロキシグルタミン酸などで、1本食しただけでも肝臓や腎臓の組織を破壊する。医療機関で適正な処置をしない限り、3日以内に死亡する。ドクツルタケは、地方では「テッポウタケ」「ヤタラタケ」とも呼ばれて恐れられているが、欧米でも、別称Destroying angelといい、破壊や殺し、死の天使という意味を持つ。

ドクツルタケ

シロタマゴテングタケ

テングタケ

資料：キノコ図鑑HP https://kinoco-zukan.net/tengutake.php

他の毒キノコの種類の一部

ツキヨタケ、クサウラベニタケ、ニセクロハツ、カキシメジ、カエンタケ、スギヒラタケ、ドクササコ、オオシロカラカサタケ、フクロツルタケなど。

フクロツルタケ

ツキヨタケ

資料：国立研究開発法人 森林総合研究所

わしは大己貴命じゃ。少彦名命とともに大和国の国造りの神として祀られている。「医薬の祖」「薬祖神」でもあるの。別名は大国主命、大黒さんじゃ。
さて、古代中国では、毒は毒から生じたので不滅と考えた。嶺南地方（広東、広西、海南）だが、この地方では毒キノコは毒で死んだ人間の死骸から生えると伝わっていた。そこで、ヨボヨボの年寄りの奴隷に猛毒の冶葛を食わせて殺し、土に埋める。そうして「埋められた人間の腹部分から生えたキノコを食えばすぐに死ぬ」「額や手足に生えたキノコを食えばその日のうちに死ぬ」「埋めた場所から少し離れたところに生えたキノコを食えば2～3年のうちに死ぬ」と信じられていたというのじゃ。荒唐無稽な輪廻思想なのかのう。

02

人が食べて命を落とした海辺の毒とは？

「おい、その貝、毒かもしれないぞ！」

といわれたら、やっぱりびっくりして箸を取り落とすかもしれませんね。

さて、野山の次は海辺の毒です。海辺の毒、といわれたら、まずフグやカサゴ、オコゼなどを思い出す方も多いでしょうが、ここでは「貝」について見てみます。

海辺で暮らす人たちの食料として欠かせないものは魚介類でした。中でも、魚に比べて漁獲しやすい貝類は絶好の食べ物になりました。ところが、そこにも危険がひそんでいたのです。

貝の毒は2つ考えられます。微生物に汚染されたものを、知らずに食べてしまう。そうすると食中毒に襲われます。これが1つ目の毒**「腐敗毒」**です。

2つ目は、二枚貝**（図1）**が餌とする毒を持つ植物プランクトンが大量に発生すること。気象の変化によって海水の中の栄養分が増えた状態で太陽光をたくさん浴びると、有毒プランクトンが異常増殖します。海の色も変わる。**「赤潮」**ですね。

二枚貝は有毒プランクトンを餌にすることで貝の体内に毒が蓄積されていきます。貝そのものには毒となりませんが、**貝自身が毒化**してしまうんです。ホタテ貝、バイ貝、アカ貝、アサリやハマグリなどがそうです。

さて、そこで問題となるのは人が毒化された貝を食べること。ふつうに食していて何の問題がなかった貝が、突然、毒という牙を向けてくる。**貴重なタンパク源であった貝が命取りの原因になるのですから、きっと混乱した**ことでしょう。

そうした理解不能な状況でも、人は知恵を絞りました。赤潮などが発生したときの貝を食べなけ

●代表的な毒成分テトロドトキシン：化学式$C_{11}H_{17}N_3O_8$
※C：炭素　H：水素　N：窒素　O：酸素

れば害がないことを経験で知り、それらを注意して扱えば大丈夫だと、仲間や子孫に伝承していったのです。

図1 日本人に馴染みのある二枚貝の種類

毒成分を餌にしたために自らが毒化するのは「食物連鎖＝food chain」による。フッドチェーンの結果、貝のほかに毒化する魚の代表格にはフグが挙げられる。

貝毒の成分には、下痢性貝毒と麻痺性貝毒がある。下痢性ではオカダ酸、ディノフィシストキシン、ペクテノトキシン群、イエッソトキシン群。ホタテ貝、ムラサキ貝、ホッキ貝、アサリなどが有する。ひどい下痢や吐き気、嘔吐などを起こすが、死に至ることはない。

麻痺性ではゴニオトキシン、サキシトキシン、テトロドトキシンなどが毒成分。ホタテ貝、カキ、アサリ、ムラサキガイなど。症状はフグ中毒に似ていて、最悪の場合は呼吸麻痺を起こして致死する。

そのほか、貝毒には神経性貝毒（ブレベトキシン類）、記憶喪失性貝毒（ドウモイ酸）などがある。

トラフグ毒の成分はテトロドトキシン。毒成分を人が食したときの致死量は2～3mgで、青酸カリの500～1000倍の毒といわれる。症状は知覚・言語・運動障害、呼吸困難や血圧低下が起こり、やがて呼吸停止する。毒を有する部位は猛毒の卵巣、肝臓、腸だが、クサフグなどはほかに強毒の皮、弱毒を持つ精巣、筋肉もある。

また、シガテラ毒（シガトキシン）によって舌・手足の痛みや痺れ、頭痛や嘔吐、激しい下痢、関節痛などを引き起こす毒ウツボ、ハタ、バラハタ、鬼カマスなどや、ほかにも有毒植物プランクトンを食物連鎖によって蓄積し、激しい筋肉痛、呼吸・歩行困難、胸部の圧迫、麻痺、けいれんなどのパリトキシン様中毒を引き起こすアオブダイ、ハコフグなどがいる。

ホタテ貝　ハマグリ　ミル貝

イワガキ　トリ貝　アサリ

資料：ぼうずコンニャクの市場魚貝類図鑑HP
https://www.zukan-bouz.com/zkanmein/2mai.html

03 人が触れて命を落とした噴出物と水の毒とは？

古代の人を脅かした毒は、野山の毒や海辺の毒だけではありませんでした。鉱物と噴出物の毒、水の毒もあったのです。

鉱物の毒としては、暴露されると中毒症状を起こす鉛のいちばん重要な鉱石物質・**方鉛鉱**。剣状の結晶が重篤な食中毒を起こす**輝安鉱**。「賢者の石」と呼ばれるネーミングとは裏腹に、単一の鉱物では地球上で最強の毒性を持つといわれる辰砂（丹砂）は、水銀の主たる原鉱で加熱によって生じる水銀蒸気は死に至る毒気です。

こうした鉱物は、直接には古代人を脅かさなかったでしょうが、**火山活動によって噴出する硫化水素ガス（H_2S）や亜硫酸ガス（二酸化硫黄：SO_2）の恐怖**がありました。これらは古代に限らず、現代でも危険なガスを吸い込んで死亡した事例がたくさんありますが、古代人は強烈な臭いや

図1　危険な鉱物の一例

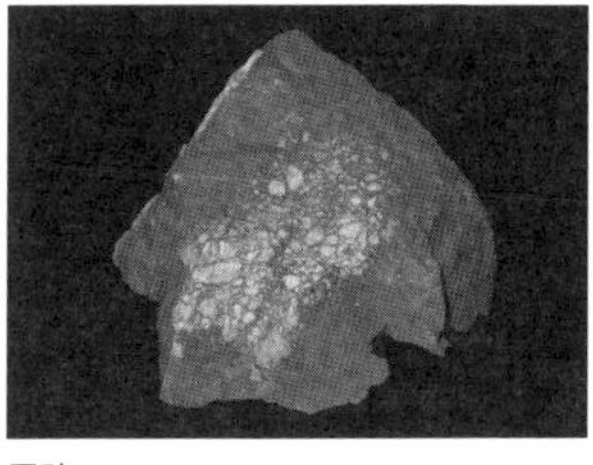

辰砂

方鉛鉱

輝安鉱

美しくも憧れの鉱石などには牙を剥く毒物が含まれていることがある。上記のほかにも、胆礬、硫砒鉄鉱、雄黄など多くの危険鉱物があり、使い方によっては人体に重篤な作用をもたらす。

資料：カラパイアHP　https://karapaia.com/archives/52211851.html

- ●辰砂（硫化水銀［II］）：化学式HgS
- ●方鉛鉱（鉛約90%、硫黄約10%）：化学式PbS
- ●輝安鉱（硫化アンチモン）：化学式Sb_2S_3
- ●胆礬（硫酸塩鉱物）：化学式$CuSO_4 \cdot 5H_2O$
- ●硫砒鉄鉱：化学式$FeAsS$
- ●雄黄（石黄）（硫化砒素鉱物）：化学式As_2S_3

※Hg：水銀　S：硫黄　Pb：鉛　Sb：アンチモン　Cu：銅、SO：一酸化硫黄、H_2O：水　Fe：鉄、As：砒素

辰砂は別名を丹砂や朱砂（しゅしゃ）とも呼ばれ、「真赭（まそお）」という綺麗な赤色をしている。丹（に）ともいっての、赤色顔料などに使われるなど、古来神聖な色で高価なものだった。
さて、吉野山は高野山と連なっていて無機水銀化合物の硫化水銀・丹砂を産出した。この地には現在では世界文化遺産となっている「丹生都（にうつ）比売神社（ひめじんじゃ）」がある。その名の通り、丹砂が取れたんじゃな。丹生都比売は天照大神の妹神での、弘法さんを高野山に導いたとされている。故に金剛峯寺の守護神を丹生都比売とした。入唐で丹砂の知識を得ていた弘法さんは、高価な丹砂の経済的重要性も得ていたうえに、毒性も心得ていたのじゃろう。玉川が水銀で「毒水」となった訳も知悉（ちしつ）していたのかもしれん。

弘法大師

熱気が恐ろしく、火を噴く山に近づくのを躊躇（ためら）ったかもしれません。

山が恐ろしいのは、ガスだけではありません。水の毒も恐ろしいものでした。日本は清澄な山水の国ですが、中には微生物や植物毒が溶け込んだ水、有毒な鉱水に汚染された水もあったのです。こうした水は、昔からの言い伝えで**「毒水」「死水」**と呼ばれていたといいます。

有名な毒水が、**「高野山の毒水」**です。高野山深奥に流れる玉川という清流の水が毒水だというのです。高野山に金剛峯寺（こんごうぶじ）を開創した空海（774～835年）＝弘法大師も、「わすれても汲みやしつらん旅人の高野の奥の玉川の水」と詠んで、この川の水は飲むなと注意を喚起しています。水の正体とはなんだったのでしょうか？　その答えは大己貴命が知っています。

わすれても
汲みやしつらん　旅人の
高野の奥の　玉川の水

04 神の祟(たたり)、魔物の呪(のろい)と人々が畏(おそ)れた毒とは？

自然界にある毒には知恵と知識で凌(しの)いできた古代の人たちも、訳のわからない毒には為(な)すすべがありませんでした。その毒とは、いまでいう感染症のことです。

人口が増え、それにともない生活活動の場が広がってくると、他部族や他民族との触れ合いが多くなっていきます。そうすると**思いもしなかった感染症にさらされる危険が高まり**ました。

それまでの毒は、触れた人のみに現れるものでしたが、**感染症は部族全員の問題**となりました。免疫を持たない部族には、全滅の危機さえあったでしょう。

微生物の存在など知る由もない古代の人たちにとって、**新たな毒＝感染症は、恐怖以外の何ものでもなかった**はずです。そんな状態に陥った彼らは、何を考えたか。

おそらく古代人は、何らかの信仰＝原始宗教を持っていた。理解不能な毒に見舞われた自分たちは、「信仰心が足りないからだ！」「神が怒ったのだ」と解釈したでしょう。**「神の祟」**か、もしくは**「魔物の呪」**としか考えられなかったのです。

そう理解すれば、あとは呪術師の登場です。呪術師は、**信仰する神にこれまで以上に供物を捧げ、皆に神に祈ることを強要し、火を使い、香料を振り注ぎ、苦しむ感染者に植物毒も用いた**でしょう。毒を使うのは、強烈な毒＝感染症に対抗するには強力な毒を使うのがよい。いわゆる「毒を以(もっ)て毒を制す」と考えたのかもしれません。

ですが、そんなことで毒が消え、人が救われることなどあるはずもなく、**毒を用いたために、かえってその毒で命を落とすこともあったはず**です。結局、感染症という毒は、いまでいう「集団免疫」が部族の中で広がることで、収束や終息となっていったのでしょう。

歴史が記憶した古代の疫病流行

●紀元前3500〜3000年	メソポタミア地方バビロニア（現イラク近辺）で疫病流行。病名不明。
●紀元前1145〜1141年	在位の古代エジプト第20王朝ファラオ、ラムセス5世のミイラの頭部に天然痘の痘疱があったことが確認されている。
●紀元前430年	ギリシャ・アテネで疫病流行。推定死者数7〜10万人という。ギリシャの歴史家トゥキュディデスが大勢の死者が出ていることを記述。病名不明。
●紀元165〜180年	古代ローマ帝国で疫病流行。病名不明。
●紀元251〜266年	古代ローマ帝国で疫病流行。病名不明。

ウル第3王朝のジッグラト。ジッグラトは古代メソポタミアで干乾レンガによって建てられた巨大聖塔。

世界最古の長編叙事詩といわれる粘土板に楔形文字で書かれたバビロニアの『ギルガメッシュ叙事詩』（紀元前1100年ころまでに編纂?）。この叙事詩には疫病に関する記録が「四災厄」の中の1つとして数えられている。

そうよのう、日本での疫病については和銅5年（712年）に太安万侶が第43代元明天皇に献上した『古事記』に載っている。「崇神天皇治下のときに疫病で多くの人民が倒れた」という記述じゃな。崇神天皇は第10代天皇で、3世紀後半から4世紀前半に実在したかも、といわれておるの。その時代は大陸から文化や文明が入ってきたときだから、人の交流もあったわけだ。ということは、病原菌も入ってきたということになる。免疫力がないからひとたまりもなく感染症に罹ったのじゃろう。このときの疫病は「時疫」と呼ばれたが、まさに古代、他民族と触れ合うことで出合った新たな毒ということかな。

崇神天皇
（『御歴代百廿一天皇御尊影』より）

COLUMN5

古代エジプトでは果実の実を擂(す)り潰し処刑に使う!

処刑！　おぞましい言葉だが、なんと古代エジプトでは果実の実を擂(す)り潰した液を罪人に飲ませて命を絶ったというのです。

果実!?で処刑？　なんのことやら不可解ですが、実はアンズ、モモ、スモモ、ウメ、ビワ、サクランボやアーモンドなどふだん食している果物に毒がある、といっても果実ではなく種子。これらはバラ科の植物ですが、種子には「アミグダリン」という物質が含有しています。通常は無毒ですが、種子の組織を擂り潰した液を飲ませると、体内の酵素β-グルコシダーゼの働きで分解され、青酸が発生するのです。その効果を知っていた古代エジプト人は、モモの実の核種「桃仁(とうにん)」を使って宗教上の重罪人を処刑したというわけです。

現在でもこうした果物の危険性を喚起して、農林水産省は注意を促しています。その趣旨は「ビワの種や未熟な果実には天然の有害物質(シアン化合物）が含まれている。平成29年、ビワの種子を粉末にした食品から有害物質が高い濃度で検出され、回収される事案が複数発生した。ビワの種子が健康にいいとの噂を信じて大量に摂取すると健康を害する」云々ですね。

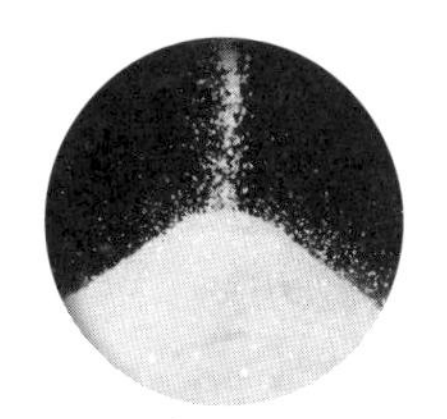
青酸カリ

さて、「青酸」が出てきました。誰もが知っている猛毒物質（シアン化水素）です。アミダグリンで死ぬには時間がかかりますが、青酸ガスを吸うと人は瞬時に死ぬ。青酸ガスは水に溶けます。水酸化ナトリウムの水溶液を混ぜれば青酸ナトリウムになり、それに水酸化カリウムを反応させると青酸カリウムの白い粉になる。青酸カリですね。

こんな危険な物質なのに生産されるのはどうしてでしょう。青酸カリや青酸ナトリウムは、鉱石に含まれる金銀と反応して水に溶けやすい錯塩を形成する。これが金鉱石から純金を抽出して精錬する冶金や電気メッキ、シアン化物・シアノ錯塩の製造、農薬などに広く用いられる。つまり、工業目的に適合するために有機合成化学物質として大量に生産される、というわけです。

そうすると、青酸は手に入りやすいことになります。そのため、殺人事件にしばしば使われてきました。近代以降、青酸が生産（ダジャレではありません）されるようになったことで使われてきたのです。ところが、時代が進むにつれて青酸殺人は影を潜めていきます。

青酸を飲まされると、血液の色が赤みを帯び、顔や皮膚が鮮やかな赤になる。また、解剖すると胃袋からアーモンドに似た臭いを発するので、死因が青酸カリだとすぐに判明してしまう。毒性が強過ぎることとこうした特有の臭いのため死因が特定されやすい。となれば、青酸は、完全犯罪には向いていない毒物といえそうです。

といっても無知な殺人者はいるもので、近年、後妻業の女として世間を騒がせた某女性は、遺産を狙って結婚や交際を繰り返し、相手男性を青酸で次々と殺害したとして死刑を宣告されました。その人数は、高齢男性10人以上ともいわれ、奪った遺産は金額にして10億円とか。いやはや！

05 古代中国では現代に通じる薬の分類を編み出した？

古代中国では、鉱物や植物の毒を薬として用いる知恵を獲得していきました。**中国医術について載っている、もっとも古い書物が『周礼』**です。信憑性には疑問符が付きますが、紀元前11世紀に周王朝の周公旦が編纂したと伝わっています。本来は官制の職務を示した儒教経典の1つですが、その中に医師が扱う**「五毒五薬」**の術も書かれているのです。

「五薬」は草木や虫、穀類、石などを使う医術ですが、五薬はさておき、問題は「五毒」です。**五毒とは鉱物を利用するもので、硫化砒素鉱物、酸化砒素鉱物、硫化水銀、硫酸鉄、磁鉄鉱の5つ。**これらを**合黄**という触媒を使って焼き、その煙を鶏の羽に付けて取り出して用いる。化学なのでしょうが、こんな毒性の鉱物を人体が摂取したらとんでもないことになる。まぁ、古代の中国人も強烈な毒こそ病（悪霊）退治の秘薬と考えたのでしょう。ですが、この思想は、やがて「不老不死」の薬にもつながっていくんですね。

また、**中国では世界最古の本草書『神農本草経』（図1）**という**博物書が編纂**されています。伝説の「三皇」**（図2）**の1人、神農（紀元前2800年ごろ）が著わしたといいます。神農さんは医薬の始祖として東京の湯島聖堂や大阪の少彦名神社などで祀られていますね。

ところで、この本草書には薬を上品（上薬）、中品（中薬）、下品（下薬）の3つに分け、**「上品は無毒な不老延命薬で長期に服用可能」「中品は体力の養命薬ながら無毒にも有毒にもなるもの」「下品は治療薬だが毒であるため服用には注意が必要」**と記されているそうです。

日本では、医薬品を副作用など危険度の高いも

●硫化砒素鉱物（三硫化二砒素）：化学式As_2S_3
●硫化水銀(II)：化学式HgS
●酸化砒素鉱物（三酸化二砒素）：化学式As_2O_3
●硫酸鉄(II)：化学式$FeSO_4$
●磁鉄鉱：化学式Fe_3O_4
※As：砒素　S：硫黄　O：酸素　Hg：水銀　Fe：鉄

のに応じて第一類・第二類・第三類と分けていますが、中国では遥か昔から現代と似たような3分類がなされていたわけで、びっくりします。『神農本草経』は、化学書とも、薬学書ともいえるのかもしれませんね。

図1　神農本草経

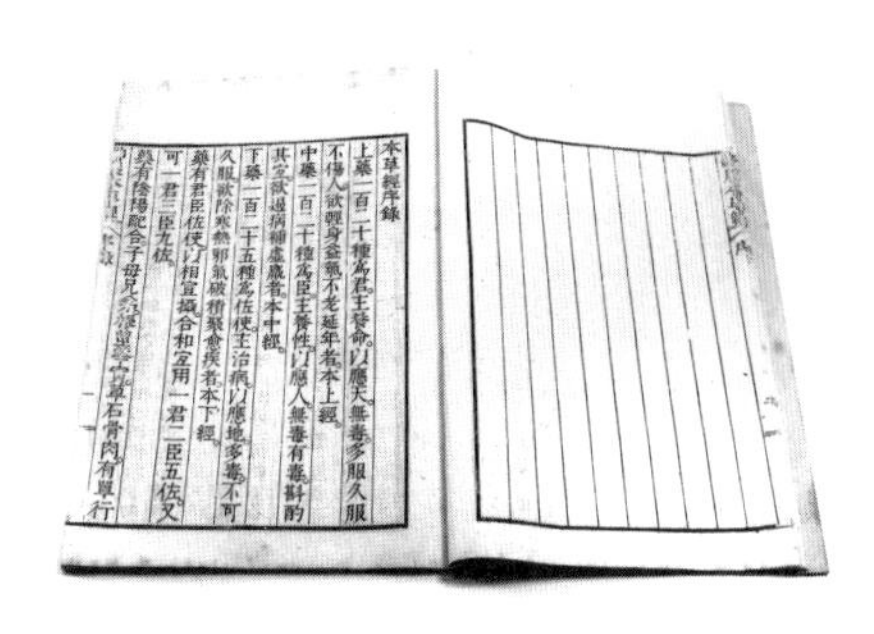

『神農本草経』は薬種など4巻365種を掲載した世界最古の本草書。写真は江戸後期から明治初期にかけての医師・書誌学者森立之（1807〜1885年）が、5世紀中国南北時代の陶弘景（456〜536年）の改訂した『神農本草経』を復元攷註したもの。

資料：日本薬科大学HP　https://www.nichiyaku.ac.jp/kampomuseum/31-1.html

図2　三皇の図

江戸中期の文人画家（南画家）池大雅（1723〜1776年）の筆による紙本（紙に描いた絵）『三皇図』。左から黄帝、伏羲、神農。

三皇はのう、ふつう「三皇五帝」といって、三皇は神、五帝は聖人といわれている。三皇は伏羲、神農、女媧、または女媧の代わりに黄帝、燧人、祝融が当てられたりする。五帝は黄帝、顓頊、嚳、尭、舜となっているの。中でも黄帝は神農とともに中国医薬の始祖と崇められていて、現存する医学書としては中国最古という『黄帝内経素問』『黄帝内経霊枢』は黄帝の著作といわれておるのじゃ。

06

「不老不死」を願って とんでも薬を発明した中国？

「不老不死」や「不老長生」を願う人の気持ちのは、いつの世でも同じでしょう。絶対権力者であれば、いっそうその思いが強くなることは想像にかたくありません。

古代の中国でもそんな権力者がいました。ご存知の**「秦の始皇帝」**です。有名な話がありますね。方士（仙術使い）の徐福が説く「東方の三神山に不老長生の霊薬がある」との話を信じ、3000人の少年少女と百工（多数の技術者）、多くの財物を船に載せて船出させたが**（図1）**、徐福は帰らなかった、という逸話です。

まぁ、しかし、**始皇帝だけではなく、漢の武帝や唐の歴代の皇帝たちも霊薬を求めたと史実に語られている**ようですから、権力者は等しく不老長生を求めたわけです。

さて、そんな欲望に応えるかのように登場したのが、アラビア半島などの西アジアから伝わってきた**「錬金術」**です。**錬金術は大いに「化学」を発展**させました。そうして、この**錬金術の技術に道教思想が結びつき、鉱物利用の「錬丹術」として成立**したことで、不老不死の霊薬（仙薬）**「丹薬」**をつくり出すのです。

霊薬は丹砂（硫化水銀）によってつくられました。その基本的考えは**「赤色の丹砂（辰砂＝硫化水銀）は焼くと酸化水銀から金属水銀に変じ、さらに硫黄と反応させると元の赤色の丹砂に変わる。何度やっても同じ」**だから**「不老不死だ！」**というわけです。古代の中国人にとって、燃焼すると金属となり、また元の丹砂に戻るという化学変化は絶大な偉力を持つと考えられたんですね。

では、この霊薬を飲んだらどうなるか。当然、中毒と死が待っています。清時代の考証学者趙翼

（1727〜1814年）が、中国歴史についての論評『二十二史劄記（さっき）』の中で、**「唐では22人の皇帝が即位したが、7人が丹薬で死んだ」（図2）**と記しているそうです。日本でも平安貴族の間で丹薬流行があったといいますから怖い話ですね。

図1　徐福の航海

歌川国芳（1798-1861年）の筆による、不老長生の霊薬を求めて海を走る徐福一行。

図2　丹薬を飲んだ唐の第2代皇帝太宗

太宗李世民（598-649年）はペルシャから入唐した胡僧の丹薬を愛飲したという。画は台北国立故宮博物院所蔵。

徐福が詐欺師なら、歴史的なペテン師だのう。それで「東方の三神山」とは東方の海上で仙人が住む島「蓬（ほう）萊（らい）」と「方丈（ほうじょう）」。また「瀛州（えいしゅう）（東瀛）」は日本だという説があるから、徐福伝説が生まれたのだの。ところで、唐の皇帝たちの丹薬狂騒には驚くが、もっと驚くのは則天武后（武則天）が丹薬を飲みながら81歳まで生きたことじゃな。清の趙翼はそれが不思議でならんから、「女性の本来は、男性の〝陽〟と違って〝陰〟だ。そのために燥の劇薬を飲んでも体に影響がなかったのだ」と、生理学を無視したとんちんかんな解釈をしているというぞ。

COLUMN❻

美白化粧に使った「鉛白粉」が命を奪う!

鉛は、ゴルフのドライバーのバランスを変えたいときにヘッドの後ろ側や真下に貼ったりしますね。柔らかくて加工しやすいため、割と使われる非鉄金属です。ですが、鉛には毒性がある。鉛が体内に蓄積されると、造血臓器の障害で赤血球の働きが阻害され、人格変容、感覚消失、頭痛、脱力、高血圧、関節の痛み、貧血などが起こるのです。

なのに驚くなかれ、古代ローマの皇帝たちは、みなさん「鉛中毒」だった。どうしてそんなことに!

18世紀末、ドイツの科学作家ヨハン・ベックマン（1739～1811年）が著した『西洋事物起原』には、「古代ローマ人は鉛の容器に酸味の強いワインを入れ、弱火で加熱することでワインの酸を利用して鉛を溶かし、ワインを甘くする技術を持っていた。ギリシャ人やローマ人は、それが〝毒〟であることを知らなかったのであろう」と記述されています。それが事実であれば、ローマ3代皇帝カリグラの残虐性、4代クラウディウスの精神疾患や痛風、言語障害、5代ネロが善政を敷きながらも人が変わったように残忍非道となった「ワケのわからない訳がわかろう」というものです。

鉛を使ったのは男性ばかりではありません。女性も愛用しました。ワインを飲むためではなく、白粉（おしろい）に利用した。鉛白です。鉛白は紀元前4000年前のエジプトで鉛白鉱として採掘され、白色顔料として使われていたといいます。鉛白は塩基性炭酸鉛で、もちろん有害です。

日本では、692年（持統天皇6年）に渡来僧観成（かんじょう）が鉛白粉をはじめてつくり、持統天皇に献上した。これがとても喜ばれたとの逸話が『日本書紀』に書かれている。鉛白粉はその後も使われ続け、江戸時代には鉛白粉の粉を水で溶いて練り伸ばし、刷毛で顔、首筋、襟足、耳、胸まで塗る化粧法が流行りました。なにせ、色の白いのが美人の第一条件だったから、白粉を顔に塗ったのですね。

といっても、鉛なんですから有害です。そのため、毎日厚化粧する歌舞伎役者や遊女たちが、鉛中毒になって命を落としたり、白粉を乳房まで塗った母親からの授乳で、乳児が脳膜炎に罹ったという話もあるのです。

面白いのは、古代エジプトの化粧法を再現しようという試みが、1994年にフランスで行われたことです。フランス博物館研究所と化粧品メーカーが共同でルーブル美術館所蔵のエジプト収集品を化学分析し、当時の化粧品には塩素を含有した酸化鉛化合物のラウリオナイトとホスゲナイトが人工的に合成されていたことを解明した。そうして、当時の製法を使って天然鉱物の粉末などを調合し、遥か何千年も前の化粧品を再現した、という話ですね。

エジプトというとクレオパトラがすぐに浮かびます。イメージは濃いアイラインやアイシャドー。ただし、これは目をくっきり大きく見せるためではなく、魔除けや日焼け止め、虫よけが目的だったといいます。

それにしても、うまいワインを飲むために鉛ジョッキを使う、美しく見せるために鉛白粉を使う、知らないとはいえ、いっときの幸せのために命を縮めるのは、古代に限らず、いまも続く人の性なのかもしれません。

クレオパトラ

1963年の映画『クレオパトラ』でクレオパトラを演じるエリザベス・テイラー(1932-2011年)。

古代インドの「アーユルヴェーダ」医術とは？

中国と同じく古い文明を持つ古代インドでは、ヒンズー教のブラフマー神（**図1**）を始祖とする『**アーユルヴェーダ**』（紀元前1500年ごろ成立。諸説あり）**という医術体系**がありました。「アーユル」は生命や長寿を意味し、「ヴェーダ」は知識をさす言葉です。**中国医学、ユナニ医学**（古代ギリシャ・アラビア医学）とともに「**世界三大伝統医学**」に数えられています。

アーユルヴェーダは、**ヴァータ（風）、ピッタ（胆汁・熱）、カパ（粘液・痰）の病素が3つの体液説「トリ・ドーシャ」**、食べ物の消化や老廃物の排泄など**7つの身体構成要素説「サプタ・ダートゥ」から なり、その調和が崩れることが病気の原因**だとします。そこで、健康の重要要素である心身、行動、環境の調和を崩さないようにする**予防医学に力点**が置かれました。

治療としては、植物由来の薬物が主ですが、動物や鉱物なども使い、食事や運動、生活習慣の改善なども取り入れています。ユニークなのは熱帯環境の地であるためヘビや虫などの動物毒について詳細で、解毒方法なども記載していること。まさに中国や日本の本草書には見られない分野であり、南方のみの独特な医薬大全といえるものです。

また、アーユルヴェーダには、チャラカ（2世紀ごろ）、スシュルタ（4世紀ごろ。紀元前8世紀ごろの人とも）、ヴァーグバタ（7世紀ごろ）の3人の医聖が編纂したとされる『**チャラカ・サンヒター**』**（主に内科）**、『**スシュルタ・サンヒター**』**（主に外科）**、『**アシュターンガ・フリダヤ・サンヒター**』**（2つを合わせて簡素化）の三大古典（図2）**があります。サンヒターは「本集」と訳します。いかにも古代ら医術の構成は**図2**の通りですが、いかにも古代らしいのは、構成の細目に「不老長生法」「媚薬法」が含まれていることでしょう。

3人の中でもスシュルタは、「外科手術の父」(**図3**)と称されたほか、先の3つの体液に血液を加え、体液を4つとしました。

実は、この「風・胆汁・粘液・血液」の4体液説はギリシャに伝わり、古代ギリシャ医学で人間の基本体液を「血液」「粘液」「黄胆汁」「黒胆汁」とした**「四大体液説」**の基になったのではないか、といわれることになるのです。

図1 アーユルヴェダの始祖といわれるブラフマー神図

ブラフマーはヒンズー教の最高神「三神一体(ブラフマー、ヴィシュヌ、シヴァ)」の1柱。創造神。四方を向いた4つの顔を持ち、それぞれの口から4つのヴェーダ(知識)を紡いだとされる。

図2 『アーユルヴェーダ』三大古典の構成

チャラカ・サンヒター	総論編/30章・病理編/8章・診断編/8章・身体編/8章・器官編/12章・治療編/30章・処方編/12章・結論編/12章
スシュルタ・サンヒター	総論編/46章・病理編/16章・解剖編/10章・治療編/40章・毒物編/8章・補遺編/66章
アシュタンガ・フリダヤ	総論編/30章・病理編/16章・身体編/6章
サンヒター	治療編/22章・毒物編/6章・補遺編/40章

総論編の内容は、『チャラカ・サンヒター』を参考にすると、治療手段・薬物分類・食事療法・医師の義務などとなっている。

資料:『インド伝統医学入門——アーユルヴェーダの世界』丸山博監修・アーユルヴェーダ研究会編集(東方出版・1990年刊)

図3 スシュルタが用いたとされる手術器具の模作図一部

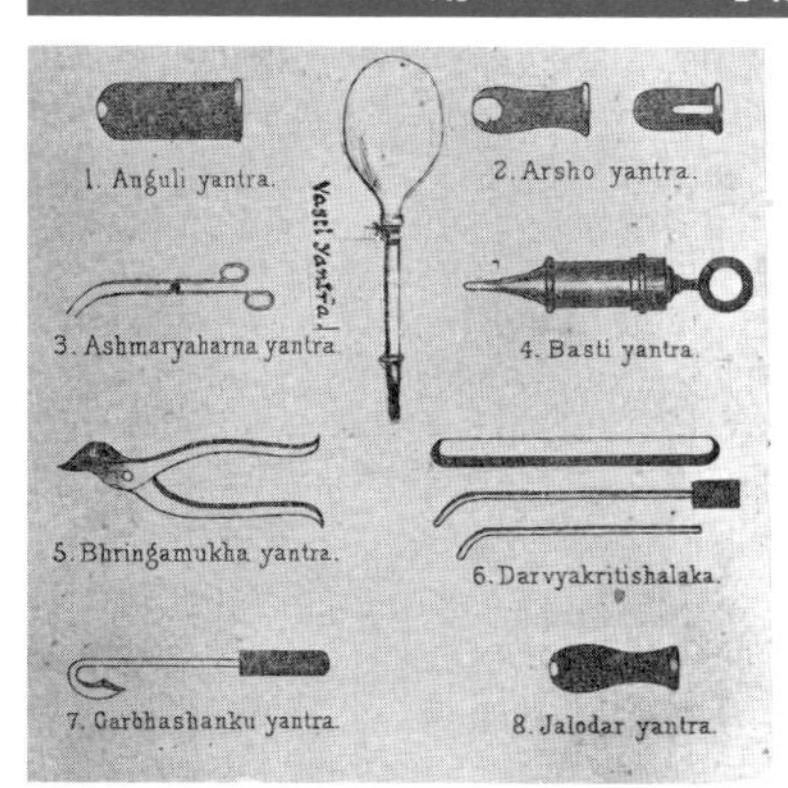

資料:Google Arts & Culture https://artsandculture.google.com/entity/m012sp27z?hl=ja

古代インドに「有毒の少女」という話があるな。トリカブトを赤ん坊のときから少しずつ与えて育てた少女を、やがて時節到来とばかりに敵国の王に送る。娘を抱いた王は娘の汗に滲む毒が体内に入って死ぬという物語じゃ。もちろん、トリカブトを与え続ければ、赤ん坊は死んでしまって毒娘になぞなりようがないわい。こんな話をホントに信じたのかのう。

08

古代ギリシャでは**人類初の医学派**が誕生した？

ほかの古代文明と同様、古代エジプトでも医薬は発展しました。薬草や生薬の知識や知恵が整理されていきます。その代表的な医薬書が、**紀元前1550年ごろに編纂されたという『エーベルス・パピルス』**です。内容は、傷・皮膚病・血管神経疾患・下剤・吐剤・婦人病など**約700種類の医薬が記載**されたそうです。

また、古代ギリシャのイオニア（現在はトルコ領）にも、ミレトス学派やイオニア学派などの自然哲学から派生した多くの医薬術が生まれました。そうして、**人類初の医学派が誕生**します。**「コス派」**（コス島）と**「クニドス派」**（現在トルコ領の古代ギリシャ都市）です。コス派の大スターは**ヒポクラテス**（紀元前460～375年ごろ。）。**ヒポクラテスは、人体の組成要素を「血液」「粘液」「黄胆汁」「黒胆汁」**としました。前項で述べた**「四大体液説」**ですね。病気の原因は4つの体液に原因があるとしたわけです。対する**クニドス派は、体液を「胆汁」「粘液」**と2つとしました。相容(あいい)れない2つの医学派でしたが、互いに研鑽を積みながら医薬の発展に寄与していくのです**（図1）**。

では、ヒポクラテスについて少し触れてみましょう。彼は「病気の原因は生物学的なもの」と考えました。そこで、それまでの呪術的で迷信に満ちた医療を否定し、臨床と観察を重視して経験科学へと発展させた先駆者となったのです。また、**彼が医師の倫理を示した誓文「ヒポクラテスの誓い」は、現代まで続く医師モラルの最高の指針**となっています。ヒポクラテスは、こうした医薬への貢献から、のちに「医聖」「医学の父」「疫学の祖」と称されたのです。

図1 古代ギリシャの外科医療器具

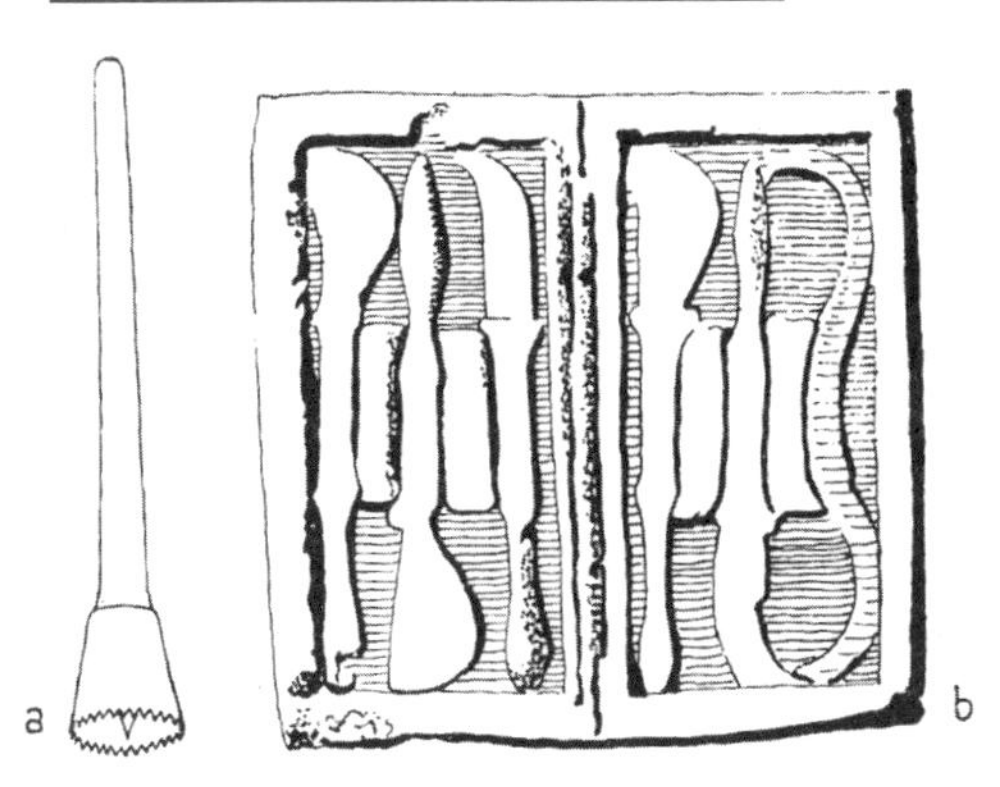

FIG. 15. Types of instruments used by Greek surgeons
(*a*) Simple trephine with centre pin. (*b*) Case of scalpels.
(*a*) Sixteenth-century instrument of ancient type. (*b*) Relief in the Asclepieion, Athens.

ヒポクラテス学派（コス派）の医師たちは、図のような手術器具を治療に活用した。左図はトレフィン（冠状ノコギリ）・右図はメスのセット。

ヒポクラテス
1638年制作のピーテル・パウル・ルーベンス作版画によるヒポクラテス。版画はアメリカ国立医学図書館所蔵。

ですが、医薬を呪術から科学へ飛躍させた人物は、ヒポクラテスに限りません。古代インドのチャラカ、スシュルタもそうですし、古代中国で医術が巫術（呪術）・呪術医の時代にあったときに巫術を退けて科学的な医術を求めた扁鵲（紀元前7世紀や前4世紀などの医師との説あり）を挙げなければならないでしょう。扁鵲は「中国のヒポクラテス」と呼ばれた医師でした。

そうじゃ、扁鵲が語ったという「6つの不治」が残っている。

①わがままばかりで、ものの道理に従わず、
②お金ばかりを大事にして、体をいとわない、
③病気にふさわしい衣服を避け、食事をおろそかにする、
④心が不安定、
⑤体が衰弱し、薬湯が飲めない、
⑥巫術を信じ、医術を信じない。

この6つじゃが、いかにもいまに通じるのう。

09 古代ギリシャの医術は古代ローマへ伝播する？

さて、古代ギリシャでは化学を包摂して自然科学が芽吹きました。ギリシャ人の自然科学は、地上にある物質や現象を抽象的に考察したところからはじまったのです。

ミレトスの**タレス**（紀元前624?～546年?）は**「万物の根源は水」**と唱え、**アナキンマンドロス**（紀元前610～546年?）と**アナクサゴラス**（紀元前500?～428年?）は、宇宙の星は地球を中心に回っていると**「天動説」**を唱え、「ピタゴラスの定理」で有名な**ピタゴラス**（紀元前582～496年）は**「地動説」**を唱えました。

そうして、PART1で示したように自然哲学のヒーロー、**ソクラテス**（紀元前470?～399年）、**プラトン**（紀元前427～347年）、**アリストテレス**（紀元前384～322年）の3人が登場します。

ことに**アリストテレスは、知を探求する哲学を、倫理学・自然科学などの諸学問に分類して体系づけたことにより「万学の祖」と称され**ました。彼は**アレクサンダー3世**（紀元前356～323年）の家庭教師としても有名ですね。弁論術・文学・科学・医学・哲学を教えたとされています。

アレクサンダー大王（3世）の東征によりギリシャ文化はインドからエジプトに伝わります。当時のギリシャ文化の中心地は、エジプトのアレクサンドリアです。**古代オリエントと融合したギリシャ文化は、「ヘレニズム文化」**と呼ばれます。

また、古代ローマの台頭でギリシャは衰退し、地中海の覇権は古代ローマに移行します。

紀元前4世紀ごろ、すぐれた古代ギリシャの医師たちは、明け暮れる戦争によって医師を必要とするローマへ移住していきました。

紀元前300〜250年ごろ、秀でた医術の功績を残したのが**「解剖学の父」と呼ばれるヘロフィロス**（紀元前335〜280年）と**「生理学の父」といわれたエラシストラトス**（紀元前304?〜250年?）です。そして、**古代医薬術の集大成を成し遂げ、その学説が中世まで影響を与えたガレノス**（紀元129?〜200年?）が特筆されることになります。

ソクラテス
1787年、フランスのジャック=ルイ・ダヴィッドが描いた『ソクラテスの死』。

プラトンとアリストテレス
1509年、ルネサンスの代表的画家、イタリアのラファエロが描いた『プラトンとアリストテレス』。

ガレノス
1865年、フランスのピエール・ロシュ・ヴィニュロンがリトグラフで描いた『ガレノス』。

ところで、医薬で後世にまで大きな影響を与えたのは、ガレノスだな。古代の医薬術を集大成したガレノスの学説は、ルネサンス期まで1500年にわたって、化学や医薬の先進地域であったイスラム世界やヨーロッパに絶対視されたのじゃ。古代ローマ「五賢帝」第16代皇帝マルクス・アウレリウス・アントニヌスの侍医も務めておるのう。
ガレノスは外科を得意として動物の解剖も頻繁にやったようだが、薬としては植物性のものを使い、世界での薬学書の嚆矢とされる処方書『ガレノス製剤』を著した。それに、ガレノスがヒポクラテスを称揚したことで、後の世でヒポクラテスが再評価され、名声を確立したというのじゃよ。

10 中世、医薬術の先進国はイスラム世界だった？

西欧での中世は、西ローマ帝国が滅亡した476年ごろから、ビザンツ帝国（東ローマ帝国）がオスマン帝国（トルコ）に滅ぼされた1453年ぐらいまでといわれています。この時代1000年、西欧の科学は停滞しました。「神」が中心であり、異論は圧殺され、民衆は抑圧されたからです。そのため、**中世の科学技術は西欧よりアラブ・イスラムのほうが進展**していったのです。

8世紀に成立したイスラム・アッバース朝（750〜1258年）の時代、首都のバグダードには、古代オリエントとギリシャの文化が融合した「ヘレニズム」（ギリシャ風文化）が、連綿と伝わっていました。シリアに受け継がれ、アラブ・イスラムへ伝播したプラトン、アリストテレス、ユークリッド、ヒポクラテス、ガレノスの知識や医薬術、インドのチャラカ、スシュルタの医薬術などです。

アラブ・イスラムですぐれた人物の名を挙げれば、まずペルシャ人の**アル・ラーズィー**（865〜925年）が浮かびます。彼は**古代ギリシャや古代インドの医薬に精通していたため、その進歩に貢献したほか、哲学・錬金術（化学）の基礎をつくりました。著作は記録されているだけで184冊以上**といわれます。

ですが、何といっても天才的なのは現ウズベキスタン・ブハラ生まれの**イブン・スィーナー**（980〜1037年）です。彼はイスラム世界が世に与えた当時の最高の知識人でした。医薬術にとどまらない著作活動によって大学者と評され、**「第2のアリストテレス」と呼ばれた**ほどです。

イブン・スィーナーは、16歳で医術を志し、18

歳ですでに名声を得ていたといいます。しかも、**21歳で全20巻の百科事典『公正な判断の書』を著し、40歳で『医学典範』（図1）を完成させた**のです。

彼の著作は100を超えています。ユークリッド幾何学や2世紀エジプトのアレクサンドリアで活躍したプトレマイオスの天文学を学ぶなどその**守備範囲は、数学・物理学・化学・博物学・音楽、クルアーン（コーラン）の注釈やイスラム教の神秘主義（スーフィズム）**にまで及んでいます。

医薬術においては**ガレノスの理論を継承して発展させ、ギリシャからアラブへとつながるすべてを網羅してアラビア医薬術を体系**づけました。こうした偉功により、**中世からルネサンス期までの西欧がもっとも影響を与えられた人物**なのです。

アル・ラーズィー
ラーズィーはイラン生まれ。実用医学の初期の担い手で、はじめてアルコールを治療に用いる。脳神経外科学や眼科学の開拓者とも評価され、「小児医学の父」とも呼ばれる。

イブン・スィーナー
スィーナーはウズベキスタンのブカラ生まれ。英語圏ではアヴィセンナと呼ばれ、「アリストテレスと新プラトン主義を結びつけた」ことで西欧に多大な影響を与えた。

図1 イブン・スィーナーが著した『医学典範』

『医学典範』の筆写。14-15世紀、中央アジアからイランにかけて支配したイスラム・ティムール朝時代のもの。

COLUMN⑦

ハシシュを使って暗殺集団を操った「山の老人（おやじ）」！

「大麻」、何かと世間を騒がす薬物ですね。ですが、この大麻、いまに使われはじめたわけではなく、利用はとても古い。なにせ栽培の歴史は、すでに1万年になるのではないか、といわれるほどです。歴史に残る記録としては、紀元前5世紀、「歴史の父」と呼ばれるギリシャのヘロドトスが自著の『歴史』の中に、「スキタイ人が幕の下に潜り込んで焼けた石の上に大麻の種子を投げ入れ、湯気を出して蒸し風呂を楽しんだ」との一文があるらしい。そのくらい古い時代から大麻は知られていたわけです。

大麻草には2種類あります。幻覚成分のあるものとほとんどないものです。幻覚成分を含有する大麻草はインド大麻。中央アジアが原産で、ギリシャ、北アフリカ、インドにかけて分布する草丈の低い種類。これがインド大麻です。

一方、欧州中北部や中国に生える草丈が高いものは幻覚成分の少なく、主に繊維を利用します。日本の麻も幻覚成分が少なく、繊維を使って注連縄（しめなわ）や麻の着物（小千谷縮・近江上布など）などの材料になってきました。

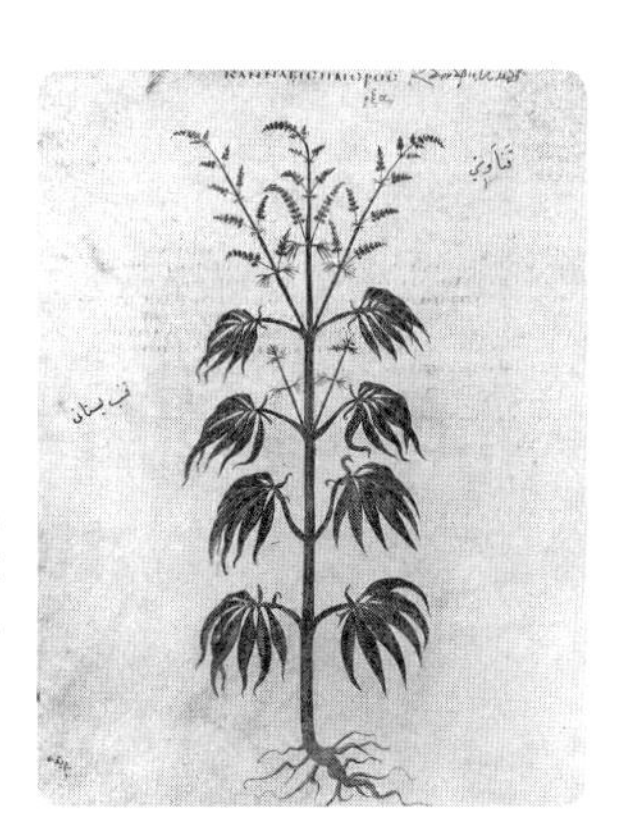

大麻の写生図

1世紀に描かれたウィーン写本（古代ローマの医師ディオスコリデスの本草書『薬物誌』の写本）。大麻が栽培されてきたのは、「麻の繊維利用」「食料としての種子」「種子から油の抽出」「幻覚・陶酔薬」「治療薬」が理由とされる。

ところで、「麻」と「大麻」があって混乱します。麻には大麻、苧麻（からむし）、亜麻、黄麻、マニラ麻があります。同じ麻名が付いていても、植物分類からすればまったく異なる種の植物。麻を大麻と呼ぶのは、そうした麻類との区別するためだそうです。

さて、幻覚を引き起こす大麻の話です。インド大麻の花が咲きはじめるころ、その先端部を採取して刻んだものが「マリファナ」で、樹脂を板状、あるいは棒状に固めたものが「ハシシュ」。このハシシュを使って人を操り、暗殺を指令していた人物がいました。11世紀、マルコ・ポーロ（1254～1324年）が自著『東方見聞録』で「イランの奥地、カスピ海の近くに暗殺教団（アサシン）の谷があり、〝山の老人〟が若者を暗殺者に仕立てるべく教導していた」と書いたことで話題になったのです。

そのやり方は、「山の老人は腕の立つ若者たちをハシシュで眠らせ、華麗な宮殿に運ぶ。若者たちは目覚めると美女にかしずかれ、美酒を振舞われて夢のような日々を過ごす。しかし、またハシシュで眠らされ、元の粗末な場所に運ばれる。そこで老人は、〝あの天国に戻りたければ誰々を殺せ。失敗してもお前たちは天国にいける〟と命じる。若者たちは喜んで暗殺に出向く」という、まぁ突拍子もない話です。山の老人と目されるのは、ハッサン・イ・サバーで、「スンニ派」を確立した人物といいますが、この話、にわかには信じがたい。

で、やはりこんな話に疑問を持ったのが中東学の権威、イギリスのイスラム学者バーナード・ルイス（1916～2018年）。ルイスは「山の老人」をテーマに『暗殺集団』を著した。そのなかでマルコ・ポーロの話を否定し、「イスラム教のどの宗派もスンニ派がハシシュを使ったと記述していない。スンニ派の暗殺集団はサバーを狂信する若者によって維持されていたのだ」との見解を述べています。

どうもこの話、ハシシュを扱っているために、幻覚に溢れているようです。

ルネサンスの医薬術、「毒は薬なり」とは？

錬金術は、その研究過程で「薬」の創製にもつながりました。薬の原料は植物だけではなく新たな無機化合物にも広がっていきます。薬が多様化し、調剤や投薬には高度な薬術知識と技能が必要となりました。そこで**アラブ・イスラムでは、薬術を独立した学問に位置付けた**のです。西欧はいまだ「医」と「薬」が混雑している時代でしたから、実にかの地域の医薬術における先進性が見てとれる話なのですね。

ルネサンス直前の1348年、ユーラシアや北アフリカに、7500万人から2億人が死んだといわれるペストが大流行します。死体が黒ずむことから「黒死病」と呼ばれた感染症です。感染症の不幸なパンデミックでしたが、反面、この感染症により欧州の中世が終わった、と見る向きもあります。

西欧は、9世紀にイタリア・ナポリの南、サレルノ（最盛期11～12世紀）に医学校、13世紀にフランス・マルセイユの西、モンペリエに医科大学を設置します。といっても、**影響を受けたのはアラブ・イスラムの医薬知識**です。**同時に化学発展のパワーとなったアルケミー、すなわち錬金術も伝わった**のです。

古代エジプトの鍛冶屋の技術からはじまったという錬金術（諸説あり）ですが、東に伝わって中国の錬丹術となり、西のアラブ・イスラムでは黄金生成をめざす錬金術となりました。**まさに化学であった錬金術は、7世紀ごろから進化し、金をめざしてさまざまな化合物がつくられた**のです。

そのために種々の器具や装置が開発され、8世紀には現代化学の初等教育で用いられるおおかたの実験器具が揃っていたといいます。

パラケルスス
1540年代に描かれたパラケルススとクエンティン・マサイス（1465-1530年）が描いた、偉大な反骨の医師パラケルスス（スイス）。

とにかくパラケルススはとんでもない反骨者であったのう。ギリシャ医学の「四体液説」を否定して、万物の根源は水銀・硫黄・塩だとする「三原質説」を唱えておる。文献などより実践を重視し、錬金術から発展した化学を医術に取り入れ、金属化合物をはじめて医薬に使った。新大陸渡来とされた梅毒の治療には水銀を使ったという。そんなこんなで「医化学の祖」とも呼ばれたの。スイスのバーゼル大学医学部教授時代には、学生相手に「いままでの医学を転換させる」と書いた張り紙を貼ったり、真偽は不明だが権威ある医学書を学生の前で焼き捨てたという逸話もある。どこに行っても体制とぶつかったから、結局、13か国以上も放浪する遍歴の医師になってしまったのじゃ。

さて、西欧は15世紀、大航海時代に突入します。新大陸から新たな植物が運ばれてきた時代、ルネサンスは神の桎梏（しっこく）から離れ、ダ・ヴィンチやミケランジェロが登場し、科学や芸術が激しく高揚します。医薬の世界でも革命児と呼ばれたパラケルスス（1493〜1541年）が、本質の俗化したガレノス医術を否定し、俗信的な中世医術を罵倒して世の権威に真っ向から刃を向けました。

パラケルススは、効くとなれば毒を躊躇（ちゅうちょ）なく処方した医師でした。たとえば「アヘン」はガレノスも使った、人類が最初に用いた鎮痛剤です。使い方を間違えれば麻薬となるアヘンでしたが、彼はアヘンの鎮痛薬としての効能を熟知し、患者を痛みから救ったといいます。その**パラケルススの書き残した言葉が、薬物の表裏を突く「毒は薬なり」**でした。

COLUMN❽

魔女の媚薬といわれた「マンドラゴラ」の恐怖!

「マドンナ」と聞けば、いまなら世界的な歌手が浮かびます。が、「いやいや、夏目漱石の『坊ちゃん』のヒロイン、マドンナでしょう」という方もいるかもしれない。このマドンナ、古イタリア語（ラテン語）でma donnaと書きます。フランス語ではma dame。どちらも「我が淑女」「我が婦人」で、転じて「聖母マリア」にもなります。ちなみにいえば、焼失して復旧中のパリの「ノートルダム（Notre-Dame）」は、「私たちの聖母マリア様」です。

ところで、似て非なるものもあります。その名は「ベラドンナ（bella donna）」。イタリア語由来の「美しき婦人」の意ですが、実はこれ、有毒植物。西欧に自生するナス科の多年草で、樹高はだいたい50㎝ほど。釣鐘型をした紫色の花弁を咲かせますが、夏ぐらいまでが花期。盛りが過ぎると暗紅色の実がなります。実は甘いといいますが、猛毒。ですが、「アトロピン」という成分を含んだ薬用植物でもある。開花時期の葉を採取し、乾燥させたものがベラドンナ葉で、鎮痙効果を持ちます。そのため、古くから生薬として使われてきた有用な植物でもあるわけです。

ところで、猛毒植物がなぜ「美しき婦人」と呼ばれたのでしょう。この植物の絞り汁を目にさすと、瞳がパッチリと大きく見えるからです。なので、中世欧州では、貴婦人たちがこぞって絞り汁をさした。「美は毒にも勝る」という、命懸けの執念が目に浮かんできます。いつの世でもいつの時代でも「美」を求める女性の思いは変わらず、「ベラドンナ」と呼ぶことになったのかもしれません。

ベラドンナの解説図

同じナス科の多年草に、欧州から中国西部まで自生する「マンドラゴラ（mandragora）」（ラテン語）、別名「マンドレイク（mandrake）」（英語）があります。何かおどろおどろしい名前ですね。マンドラゴラは釣鐘状の花弁と橙黄色の果実を付けます。

この植物が耳目を集めた。根が媚薬として効くからです。根だけではなく、葉も果実にも同じような効力があるうえ、果実には強烈な甘い香りがあって、口にすると瞬時に眠気を誘う。姿は根が二股に別れ、太くて大きい。そこで男性に見立てられた。こんな理由から、マンドラゴラは女性の不感症を治し、不妊の女性を妊娠させる魔力があると信じられたのです。

不幸なことに、こうした効力が禍いして、中世欧州では魔女の秘密の媚薬とされます。魔女たちは悪魔と交わるために香油を体に塗るが、その香油にはマンドラゴラが使われた。しかも、マンドラゴラは根を引き抜かれると悲鳴を上げる。その悲鳴を聞くと発狂して死ぬ。恐ろしいので犬に引き抜かせた、との俗言が飛び交い信じられてしまった。

こうしてマンドラゴラは、さまざまな魔女伝説や物語に登場するようになります。滑稽な話ですが、現代でもフェイクニュースを聞き続けていると、嘘を信じてしまいがちです。科学が発達し、事実や真理が明らかになる時代であっても、人の心には「マンドラゴラ」が根づいているのかもしれません。

人に見立てたマンドラゴラ

12 化学が毒と薬を分明にし、「知は力なり」の時代へ！

ルネサンスは、「薬術」から「薬学」へと発展する揺籃期といえるでしょう。この時代、パラケルススのみならず医薬史に名を残す医師が多く生まれました。ざっと名を挙げるだけでも、**梅毒を「シフィリス」と命名したフラカストロ**（1478〜1553年／イタリア）、**鉱山で起きる病気を『デ・レ・メタリカ』で詳述したアグリコラ**（1498〜1555年／ドイツ）、**「戦場の外科医」アンブロアズ・パレ**（1510?〜1590年／フランス）、**『ファブリカ』（人体構造）を著し人体解剖に新機軸を打ち立てたヴェサリウス**（1514〜1564年／ベルギー）など、多くの医師たちが実学を通して医科学へと躍動していきます。

また、錬金術から派生した化学的な技術の進歩は、医薬術でガレノスを超え、新たな薬の創製にも力を示しました。こうした流れが薬術を薬学へと向かう、「化学」への道を切り開いていくことになります。

そして、**科学での革命的な発明となったのが、顕微鏡**（1590年）**や望遠鏡**（1608年）でした。顕微鏡は解剖学を真正の「病理学」へ変容させていき、望遠鏡は占星術的な天文学から「天体物理学」への道標となるのです。

時の流れは、人類史に燦然（さんぜん）と輝く天才たちを用意します。思考において**帰納法を提唱したベーコン**（1561〜1626年）、**演繹（えんえき）法を提唱したデカルト**（1596〜1650年）、望遠鏡の改良による天文学発展への貢献や物体の運動法則を明確にして**「近代科学の父」となったガリレオ**（1564〜1642年）、惑星運動の三法則を発見し**「ケプラーの法則」を確立したケプラー**

フランシス・ベーコン
ベーコン（イギリス）は「イギリス経験主義の祖」といわれ、哲学者・神学者・法学者・政治家であり、貴族でもあった。肖像画の作者不詳。

ルネ・デカルト
デカルト（フランス）は「合理主義哲学・近世哲学の祖」として知られ、哲学のほか数学者。（1648年、フランス＝ハルス画）

ガリレオ・ガリレイ
ガリレオ（イタリア）は「天文学&近代科学の父」と称えられ、天文学のほか自然哲学者・数学者。（1636年、ユストゥス・スステルマンス画）

ヨハネス・ケプラー
ケプラー（ドイツ）は天体物理学者の先駆けであり、自然哲学者・数学者のほか、占星術師ともいわれる。肖像画の作者不詳。

アイザック・ニュートン
ニュートン（イギリス）は物理学や天文学を研究したほか、自然哲学者・数学者・神学者。（1689年、ゴドフリー・ネラー画）

（1571〜1630年）、**力学体系を構築し、「万有引力」の考察や微積分法を創造したニュートン**（1642〜1727年）など世界史の教科書では必ず掲載される人物たちが登場したのです。

　そうして、この時代を象徴的に表す名言が生まれました。**「知は力なり」——フランシス・ベーコン**（1561〜1626年）の名言です。

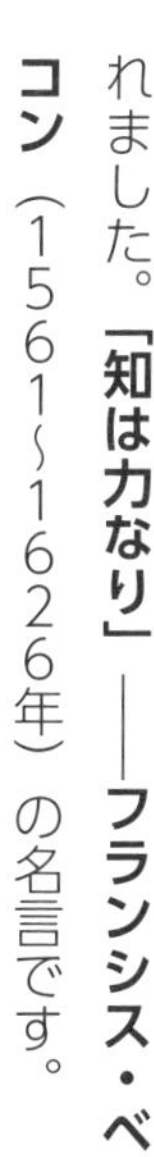

1495年、パリの中心地に創設された市民病院「オテル・デュー」（神の館）で、医薬史上、初の薬剤師が誕生したの。まぁ、薬はそれまでの錬金術の技術や勘に頼っていた調剤から、ようやく化学が明らかにした物質と物質を合わせる創薬が生まれてきた。そうした進歩が、やがて薬術ではなく薬学という学問となり、体系化されるようになったんだじゃ。

13 「有機化合物」と「無機化合物」の分別へ！

顕微鏡は医薬学の発展に重大な影響を与えました。臓器の細部や組成の理解、細胞の発見、細菌も発見されたのです。細胞は1655年に生物学者**フック**（1635〜1703年）**（図1）**が発見し、細菌は1683年、素人研究者**レーウェンフック**（1632〜1723年）が発見します。植物分野では植物学者の**リンネ**（1707〜1778年）が**「植物の分類学」を打ち立て、特定の植物が薬になるか否かの判別に活用される**ようになります。

18世紀に入ると新物質の合成、その性質をどう見きわめるかなどの問題に化学はさらに科学性を高めていきました。

そうして、**「有機化合物」**と**「無機化合物」**の分別にも新たな進展が見られます。それまでは化学者の**ベルセリウス**（1779〜1848年）が定義・命名した**「生命が宿っている生物由来のものが有機化合物、鉱物など生命の宿らないものが無機化合物」**とした考えが一般的でした。ところが、その後、化学者の**ヴェラー**（1800〜1882年）が**無機化合物のシアン酸アンモニウムから有機化合物の尿素を合成したことで、定義がすっかり変わった**のです。つまり、生命の力がなくても有機化合物の生成が可能だとわかったからです。ちなみに**現在では、炭素を含む化合物の大半を有機化合物**としています。

医薬においても大きく進展します。薬として利用可能かどうかが新たな合成化合物の中から試験され、薬効の評価基準に合格した化合物は、「医薬品」として市場に出まわるようになります。しかも、大量生産が可能となっていきます。

そんなエポックメーキングは1760年からは

※「近代化学の父」と呼ばれたラヴォアジエや「元素周期表」を作成したメンデレーエフについてはPART1参照のこと。

じまったイギリスの**「産業革命」**でした。手工業での生産は、大規模な機械導入で工業化していき、その奔流は1830年代以降、西欧各国に滔々と流れて近代資本主義の誕生を導いたのです。当然、医薬品も資本主義の潮流に乗って大量生産が可能となり、薬は工業製品となっていくわけです。

図1 ロバート・フックの顕微鏡

イギリスのフック（イギリス王立協会フェロー）は自然哲学者・博物学者・生物学者であり、建築家でもあった。彼の肖像画は1710年王立協会移転の際に紛失したとされる。

アントーニ・レーウェンフック

レーウェンフック（オランダ）は織物商などの商人だったが、自作の顕微鏡で細菌を発見したことで「微生物学の父」と称される。

カール・リンネ

植物学者のリンネ（スウェーデン）は「分類学の父」と称されたが、博物学者・生物学者でもあった。肖像画は1735-1740年ごろに描かれたものという。

イェンス・ベルセリウス

ベルセリウス（スウェーデン）は元素記号をアルファベット表記にすることを提唱。原子量を精密に確定したほか、セリウム、セレン、トリウムなどの新元素の発見や「タンパク質」「触媒」の化学用語を考案する。

フリードリヒ・ヴェラー

ヴェラー（ドイツ）は無機化合物から有機化合物の尿素を合成したことで「有機化学の父」と称される。

14 感染症から命を救う「ワクチン」が誕生する！

「先生、ボク大丈夫だよ。その牛痘(ぎゅうとう)っていうのを打てば天然痘に罹らないんでしょ！」

健気にそういったのは、ジェンナー家で働いていた貧しい労働者の息子でジェイムズ・フィップスという名の8歳の子どもでした。

まぁ、フィップスくんが本当にそういったのかどうかはともかく、子どもに牛痘を打ったこの瞬間こそ、人類初のワクチン接種となりました。ところで、日本でそれまで広く知られていた「ジェンナーは自分の息子に牛痘を最初に接種した」という話は、なぜか誤解されて伝わっていたようです。

さて、この天然痘ですが、ペストやマラリア、結核などとともに人類史の中で、人々を苦しめてきた感染症でした。**天然痘は、高い致死率を持ち、回復しても顔に瘢痕(はんこん)が残ったり、失明したりするダメージの大きい疫病**でした。ちなみに天然痘のもっとも古い事例として、ヒッタイトとエジプトが覇を争った紀元前1350年のころとの記録が残っているそうです。

人々にとってこの疫病は悪夢そのものでしたが、不思議なことにアラブ（インド説もあり）地域などでは天然痘が治癒すれば、その後は二度と罹らないことが知られていた。しかも、**アラブやトルコなどでは軽い症状の罹患者の水疱から毒性の弱い滲出液(しんしゅつえき)を採取し、その液を未感染者の腕などに傷をつけて液を擦(す)り込む。そうして軽い天然痘を発症させ、免疫を獲得するという方法が取られていた**というのです。ただし、問題は、安全な接種の方法が不明で、重篤な患者や死者を出すことでした。

さて、**ジェンナー**です。彼は郷里のイギリス・

バークレーで外科医院を開業していた人物です。**ジェンナーは雌牛の乳房にできた牛痘が搾乳の女性にうつると、女性は天然痘に罹らないとの話に興味を持ち精査**しました。それが事実であることを確かめると実験を重ね、**20年後に「善感種痘」（善感⇩安全に免疫獲得の意）を完成**させたのです。こうしてジェンナーは、1796年5月14日、冒頭に述べたワクチン接種を実施したわけですね。

彼は、論文をイギリス王立協会に提出しましたが、なぜか無視され続け、承認されたのは1800年（**図1**）のこと。それ以後、「牛痘種痘」は全世界に広がっていきます。それから180年を経た**1980年、世界保健機関（WHO）は天然痘撲滅宣言を出します。人類の医薬史上、はじめて感染症に勝利した瞬間でした。**撲滅された天然痘のウイルス株は、研究のためにアメリカのCDC（アメリカ疾病予防管理センター）とロシアのウイルス研究所の2か所だけに保存されているそうです。

エドワード・ジェンナー

イギリスの画家ジョン・ラファエル・スミス（1751-1812年）によるジェンナーの肖像画。

図1　ワクチン風刺画

イギリス王立協会が牛痘種痘を認めたことで、ジェンナーの前から退散する反対派の医師たち。

資料：ONLINEジャーニーHP
https://www.japanjournals.com/feature/great-britons/15206-edward-jenner-2.html

最近のゲノム研究で、ジェンナーの牛痘ウイルスは、馬痘ウイルスが牛に感染したものと判明したらしい。とすれば牛痘ではなく、馬痘になるのかのう。

15 植物から成分抽出に成功し、毒が薬へ生まれ変わる?

アヘンは、いまから2000年前、ガレノスも使った人類初の鎮痛剤ですが、実際には5000年前に遡(さかの)ぼってメソポタミアでは効能が知られていたといいます。ただし、なぜ痛みを止めるかの作用機序は不明なままでした。ですが、19世紀に入ると、いろいろな植物から麻薬などのアルカロイドが分離され、不思議な性質が科学的に証明されていきます。

ケシの実から採取した果汁**(図1)**を乾燥させて生成する**アヘンは、天然由来のアルカロイドでオピエート**と呼び、そこから**合成される物質はオピオイド**です。**麻薬とは本来、オピエートやオピオイドを意味する合成化合物のこと**で、強力な鎮痛作用と中毒性を持つアヘンの主成分**「モルヒネ」は、このオピオイド系の化合物**です。また、**「ヘロイン」はモルヒネから半合成されたオピオイド**で、痛みの緩和作用があるものの副作用のため医療用として使用されることは稀といいます。

アヘンからモルヒネを単離したのはドイツ人薬剤師ゼルチュルナーでした。1803年のことで、当時彼は20歳だったといいますから驚きです。モルヒネの名はギリシャ神話「眠りの女神モルフィウス」から来ているそうです。

モルヒネという毒と薬の表裏一体する植物の成分分離の成功は、有機化学者を奮い立たせました。1820年、南米アンデス山脈を原産とするキナ**(図2)**の樹皮から**「キニーネ」**が、1818年、東南アジアなどが原産の樹木マチンの種子から**「ストリキニーネ」**が単離されます。**キニーネはマラリア熱の特効薬**であり、**ストリキニーネは苦味健胃薬やED治療薬、殺鼠剤(さっそざい)**などにも使われます。**「コカイン」**は中南米、インドネシア、西

●アヘン:化学式$C_{22}H_{28}N_2O.HCl$　●ストリキニーネ:化学式$C_{21}H_{22}N_2O_2$
●モルヒネ:化学式$C_{17}H_{19}NO_3$　●コカイン:化学式$C_{17}H_{21}NO_4$
●キニーネ:化学式 $C_{20}H_{24}N_2O_2$
※C:炭素　H:水素　N:窒素　O:酸素　HCl:塩化水素

インド諸島を原産とする**常緑低木樹のコカノキを原料とするアルカロイド**です。１８５９年にドイツの化学者ニーマンがコカの葉（**図3**）から成分を抽出しましたが、単離されたのは１８８５年のことで、**医療としては局所麻酔に使われます。**

ですが、こうしたアルカロイドは強い生理作用を持つ植物塩基であり、常用すると中毒になる。使い方には十分な注意が必要なのです。

図2　アカキナノキの花

アカナノキの樹皮からマラリアの特効薬キニーネが生成される。

資料：東京都立薬用植物園HP

図1　ケシの図とケシ坊主

ケシ坊主に傷を付け、滲み出る果汁を乾燥させて生成してアヘンをつくる。

図3　コカノキの図と葉

コカの葉

コカインはコカノキの葉から抽出され、局所麻酔薬や興奮剤として使われるが、常用すると中毒症状を起こす麻薬でもある。

資料：コカの葉・公益社団法人日本薬学会HP　https://www.pharm.or.jp/herb/lfx-index-YM-200702.htm

16

近代、医学は新たな武器「麻酔」と「消毒」を手にする！

19世紀に入ると、人類に大きな恩恵を与える医学・薬学や化学が大きく進展していきます。

まず、**近代実験生理学を築いて「近代医学の父」と呼ばれたフランスのベルナール**（1813～1878年）。彼は実験医学を発展させ、『実験医学序説』を著しました。また、**実験病理学を組織病理学に発展させ、「近代組織学の父」と呼ばれたフランスのビシャ**（1771～1802年）も登場します。

しかし、なんといっても**「すべての生物は細胞から生じる」との学説を提唱し、白血病を発見したドイツのフィルヒョウ**（1821～1902年）を挙げなければならないでしょう。ことに、1856年にベルリン大学で講演した『細胞病理学の連続講演の講義録』は1858年に刊行され、のちにベルナールの『実験医学序説』（1865年刊行）、ダーウィンの『種の起源』（1859年刊行）とともに、「近代医学の金字塔」と称賛されたのです。

窒素・リン酸・カリウムの「肥料三要素」を提唱し、**「有機化学&農芸化学の父」と称えられたドイツの化学者リービッヒ**（1803～1873年）ら3名が1831年に発見したクロロホルムは重要な麻酔薬でした。また、13世紀に発見されていたエーテルも、麻酔薬として19世紀半ば登場します。1842年、アメリカの外科医クロフォード・ロング（1815～1875年）がエーテル吸入麻酔で初の外科手術を行いますが、その**麻酔法を世界に広めたのはアメリカの歯科医モートン**（1819～1868年）でした。**彼はのちに「麻酔の父」と呼ばれます。**こうした麻酔は外科手術での患者の負担を大幅に減らし、外科学の急速な

●クロロホルム：化学式$CHCl_3$
●ジエチルエーテル：化学式$(C_2H_5)_2O$
●フェノール：化学式C_6H_6O
●笑気ガス（亜酸化窒素）：化学式N_2O
※C：炭素　H：水素　Cl：塩素　O：酸素　N：窒素

発展に寄与していきます。ところが、手術は大幅に進化したものの、術後に感染症を発症して死亡する例があとを絶ちません。加えて妊産婦が産後に産褥熱で死亡するという痛ましい事例が多発していました。消毒思想が希薄だったのです。

この状況の打破に奮闘したのが、**イギリスの外科医リスター**（1827〜1912年）です。パスツールの論文で化膿性感染は細菌によるものと知り、**消毒のためにフェノール水（石炭酸水）を用いて術後の感染症を激減**させました。いまでこそ当たり前の「麻酔」と「消毒」も、当時、「医学が人々を救うための大きな武器」になった大功績だったのです。

クロロホルムやエーテル麻酔は恩恵だったが、クロロホルムには毒性が、エーテルには引火性があって、もはや使われておらんな。笑気ガスは1772年の発見じゃ。1795年に麻酔効果が確認されたのだな。いまでも現役の麻酔薬だぞ。笑気の語源は、全身麻酔で表情が緩み、笑って見えたからだというが、手術中の笑い顔……なんか不気味じゃのう。

「近代医学の父」
クロード・ベルナール

「近代組織学の父」
フランソワ・ビシャ

「病理学の父」
ルドルフ・フィルヒョウ

「有機化学&農芸化学の父」
ユストゥス・リービッヒ

「麻酔の父」
ウィリアム・モートン

「消毒薬の祖」
ジョゼフ・リスター

人類を苦しめた「微生物の姿」がしだいに明らかに！

医学史・薬学史に燦然と名を轟かした人物が、19世紀後半に現れます。フランスの**ルイ・パスツール**（1822～1895年）、ドイツの**ローベルト・コッホ**（1843～1910年）の2人です。彼らの手によって正体不明の微生物の姿が明らかになっていくのです。

「近代細菌学の開祖」と称されるパスツールの研究のはじまりは化学からでした。パスツールは、実験により肉汁（にくじゅう）の腐敗は外部から入り込んだ微生物によるものと見極め、微生物の侵入を防ぐよう彼の考案した細首のフラスコ（白鳥の首フラスコ）を使って腐敗を封ずることを明らかにしました。**発酵が微生物の働きによることも発見し、ワインの悪化を防ぐ「低温殺菌法」を開発**します。この殺菌法が、のちに牛乳などの液体を60℃程度で加熱して微生物を殺菌するPasteurization（パスチャライゼーション）という、現代でも用いられるパスツールの名に由来した殺菌法となるわけです。

医学においても微生物が病原菌であることを解明したことで、前項のリスターの消毒法につながりました。ジェンナーの「牛痘種痘」に敬意を表して「ワクチン」と命名したパスツールは、**「狂犬病」の正体がウイルスということは発見できなかったものの、予防のためのワクチンを開発**しました。そうして微生物や感染症、ワクチンなどを研究する**「パスツール研究所」が1888年に開設**されたのです。

パスツールともに「近代細菌学の開祖」と称えられるコッホも、医薬にもたらした貢献は巨大でした。彼の研究は自宅につくった粗末な実験室からはじまりました。1876年、**炭疽菌の純**

ルイ・パスツール

ローベルト・コッホ

ノーベル賞は、1901年から顕彰されたの。物理学賞、化学賞、生理学・医学賞、文学賞、平和賞、1968年に経済学賞が加えられた。コッホは1905年第5回ノーベル生理学・医学賞を受賞しておるな。

粋培養に成功し、細菌学へ踏み出したコッホは、1882年に**結核菌を発見して「結核は感染症」であることを証明**します。ツベルクリンを創製したのもコッホです。ただ、当初期待した治療薬としての効果がないため診断用になったのです。また、**インドでコレラ菌を発見**したのもコッホでした。

1891年に**「コッホ研究所」を設立したコッホは、新しい免疫療法「抗毒素血清療法」を確立し、「血清学」や「化学療法」**の礎石をつくり出しています。「細菌学」では、**「コッホの三原則」**は有名です。**①特定の病気には特定の微生物が発見される、②特定の微生物が病原とされるには、その微生物が分離されなければならない、③分離した微生物を健康な動物に感染させると同じ病気が起き、その病巣部から同じ微生物が分離されること**です。③を分けて、**「コッホの4原則」**といわれることもあります。そして、こうした功績が、パスツールとコッホを医学発展の大きな旗頭に押し上げたのです。

18 抗生物質発見から、病という未来のミステリーへの挑戦！

19世紀後半から20世紀初頭、化学や医学の進歩によって、種々の病原菌の発見 **（図1）** や純粋培養の成功へ向けて拍車が掛かります。そして、人類を救う画期的な薬が、神の恩寵(おんちょう)とでもいうべき偶然によって顕現するのです。

1928年、研究室に雑然と並べられた黄色ブドウ球菌の培地シャーレの整理に取り掛かろうとした研究者が、培地の汚染に気づきます。汚染源はアオカビでしたが、不思議なことにアオカビの周りだけ透明だった。細菌の生育が阻まれていたからです。研究者は首を傾げながら**アオカビを培養します。培養液を濾過すると抗菌物質が現れた。**驚きつつも研究者はアオカビの属名ペニシリウムにちなんで**「ペニシリン」**と名付けました。**人類がはじめて手にした抗生物質**です。発見者は**フレミング**（1881〜1955年）という細菌学者でした。

ところが、フレミングは薬に精製すべき化学が不得意な人物。精製されないペニシリンは10年余も打ち捨てられたまま。救い主は、フレミングの論文を読んだオーストラリアの化学者**ハワード・フローリー**（1898〜1968年）とドイツ生まれの**エルンスト・ボリス・チェーン**（1906〜1979年)でした。彼らは**物質を精製・製剤し、1942年、抗菌薬ペニシリンを世に送り出します。**これを契機に、結核治療薬**「ストレプトマイシン」**、髄膜炎治療薬**「セファロスポリン」**など、抗菌薬がつぎつぎと発見されていくのです。が、現在では、抗菌薬の投薬過多などで**薬剤耐性菌に変異し、薬が効かなくなるという大問題**が生じてきた。周知のことですね。

時が過ぎ、20世紀後半から21世紀になった現在、新たな感染症が出現しはじめています。**エボラ出血熱、後天性免疫不全症候群（AIDS）、プリオン病、鳥インフルエンザ、重症急性呼吸器症候群（SARS）、新型インフルエンザ（A/H1N1）、中東呼吸器症候群（MERS）、新型コロナウイルス感染症（COVID-19）などの新興感染症**、また**再興感染症という結核やマラリアなどの古い病気が再び流行する兆し**も濃くなってきました。国境を超えたグローバルな人とモノの移動が感染拡大の要因です。

もちろん、化学・医薬の研究も進められています。感染症対応のワクチンは当然ですが、がん予防、B型肝炎、子宮頸がん、臨床試験中ながらがん治療などのワクチン開発をはじめ、バイオ医薬、遺伝子診断と治療、ゲノム創薬と進化し続けているようです。

「病とは終わりのないミステリー」なのかもしれません。だからこそ、すべての「科学の力」を結集して挑戦し続ける相手なのでしょう。

図1　19世紀後半から20世紀初頭にかけて発見された病原菌微生物

1875年	ハンセン病（らい菌）
1880年	マラリア（マラリア原虫）、腸チフス（サルモネラ属菌）
1882年	結核（結核菌）
1883年	コレラ（コレラ菌）、ジフテリア（ジフテリア菌）
1884年	破傷風（破傷風菌）
1887年	ブルセラ症（ブルセラ属菌）
1894年	ペスト（ペスト菌）
1898年	赤痢（赤痢菌）
1905年	梅毒（梅毒トレポネーマ）
1906年	百日咳（百日咳菌）
1909年	パラチフス（サルモネラ属菌）

ベーリング（ドイツ）とともにジフテリア菌発見と破傷風菌純粋培養に成功した北里柴三郎

赤痢菌を発見した志賀潔

梅毒スピロヘータの純粋培養に成功した野口英世

アレクサンダー・フレミング
イギリス・スコットランドの細菌学者。1945年、「ペニシリン」発見者として、治療薬を開発したフローリー、チェーンとともにノーベル医学・生理学賞を受賞。

監修者・著者紹介

野村義宏（のむら　よしひろ）

1962年宮城県河北町（現在、石巻市）生まれ。東京農工大学農学部農芸化学科卒業。同大学院農学研究科修了。同連合農学研究科（博士課程後期）修了。農学博士。東京農工大学農学部附属硬蛋白質利用研究施設助手、同大学准教授を経て、現在同大学農学部附属硬蛋白質利用研究施設教授。ファンクショナルフード学会理事長。趣味は読書。共著・監修に『眠れなくなるほど面白い　図解　老化の話』（日本文芸社）がある。

本書執筆担当項目　PART1/8・9・10、PART2、PART3、PART4、COLUMN①②③④

澄田夢久（すみた　むく）

1948年北海道生まれ。出版社勤務のあと、2002年に編集事務所を設立し、編集・執筆に携わる。出版社勤務時代は、主に政治経済分野や社史の編集を手掛け、独立後は歴史をはじめ、健康、ノンフィクション分野の新書やMOOK、月刊誌の執筆や編集長を務める。著書に『眠れなくなるほど面白い　図解　三国志』（日本文芸社）などがある。

本書執筆担当項目　PART1/1〜7、PART5、COLUMN⑤⑥⑦⑧

編集／米田正基（エディテ100）
ブックデザイン・イラスト／室井明浩（studio EYE'S）

眠れなくなるほど面白い
図解プレミアム　化学の話

2023年9月10日　第1刷発行
2024年2月 1 日　第2刷発行

監修者・著者　野村義宏
著　者　澄田夢久
発行者　吉田芳史
印刷所　図書印刷株式会社
製本所　図書印刷株式会社
発行所　株式会社 日本文芸社
〒100-0003　東京都千代田区一ツ橋1-1-1　パレスサイドビル8F
TEL.03-5224-6460（代表）
URL https://www.nihonbungeisha.co.jp/

Printed in Japan 112230825-112240118 Ⓝ 02　(300069)
ISBN978-4-537-22135-0